Eingetaucht:

NEW WORK – WIE ARBEITEN WIR IN ZUKUNFT?

Kira Marie Cremer

New Work

1. Auflage

Weyerstraße 88-90
50676 Köln

Text: Kira Marie Cremer
Layout und Design: BUCH & DESIGN Vanessa Weuffel
Satz: Joachim Buhman
Foto Autorinnensticker: Aufgenommene Momente
Projektleitung: Hanna Kirsch
Lektorat: Beate de Salve

Gesetzt aus der Bliss Pro von Jeremy Tankard Typography Ltd. und
der Fedra Serif A Pro von Peter Bil'ak.

Gesamtherstellung: Community Editions GmbH

ISBN 978-3-96096-399-8

Druck: Druk Intro, ul. Świętokrzyska 32, 88-100 Inowrocław, Polen
Printed in Poland

www.community-editions.de

EINGETAUCHT:

NEW WORK

WIE ARBEITEN WIR IN ZUKUNFT?

VON

KIRA MARIE CREMER

INHALT

ME, MYSELF AND ... NEW WORK

»SCHREIBEN IST NUR EINE ART DES SPRECHENS, BEI DER MAN NICHT UNTERBROCHEN WIRD.«

Als ich diesen Spruch sah, wusste ich: Das ist das Opening für mein erstes eigenes Buch.

Mein Name ist Kira Marie Cremer, und vielleicht kennst du mich schon von LinkedIn, Instagram oder aus meinem Podcast New Work Now. Ich führe dich durch dieses Buch, erzähle dir von meinen Erfahrungen und Erlebnissen und gebe dir New-Work-Beispiele mit auf den Weg. Und da New Work ein so komplexes Konzept ist, fließen hier noch die Gedanken verschiedener Expert*innen ein, die ich im Laufe der letzten anderthalb Jahre in meinem Podcast begrüßen durfte.

Dieses Buch ist ein Einstieg in die Zukunft. Um genau zu sein, in die Zukunft unserer Arbeitswelt. Denn das ist New Work – ein Thema, das uns alle betrifft, und genau darum ist dieses Buch für alle gedacht: verständlich formuliert, anhand von Beispielen erläutert und mit Meinungen von Expert*innen untermauert. Ich möchte nicht allzu tief ins Detail gehen, denn noch einen weiteren dicken Wälzer zum Thema New Work brauchen wir nicht. Wir brauchen ein Buch, das New Work einfach erklärt und das Thema greifbar macht. Und genau dieses hältst du gerade in den Händen.

Doch kurz zu mir: Wer bin ich? Und wie komme ich dazu, ein Buch zu schreiben?

Ich stamme ursprünglich aus dem Rheinland, bin mittlerweile Hamburgerin, verheiratete Hundemama, Gründerin von QUINGS, Podcast-Host von New Work Now[1],

Speakerin. Und jetzt auch Autorin. Mit dem Konzept New Work beschäftige ich mich seit 2019. Damals wurde ich durch mein eigenes flexibles Arbeitsmodell, bei dem ich zu 60 % angestellt und zu 40 % selbstständig war, auf den Begriff aufmerksam und fand über die Businessplattform LinkedIn heraus, dass diese Art zu arbeiten relativ selten war. Meine ehemalige Chefin und ich betrieben also ein Stück weit New Work. Dass dahinter noch so viel mehr steckt, war mir zu diesem Zeitpunkt nicht bewusst.

Ich machte mich immer mehr mit dem Begriff vertraut, las Bücher, hörte Podcasts, schrieb bei LinkedIn über meine Erfahrungen und machte mich bei meiner Teilnahme bei der Wahl zur Miss Germany für das Konzept stark. Ich wurde Vize Miss Germany 2022 und fand während der damit verbundenen Reise heraus, dass New Work zu meinem Herzensthema geworden war. Und da sich niemand in meinem Alter dem Thema auf verständliche Weise annahm, dachte ich: Dann mach ich das eben.

Anfang 2022 beschloss ich, mich bei LinkedIn auf das Thema zu fokussieren, und wurde daraufhin für meinen heutigen Podcast als Host angefragt. Ich schrieb ein Kapitel für das Buch *Die Zukunft der Arbeit,* gab meine Anstellung auf und startete in die Selbstständigkeit. Ende 2022 gründete ich meine Beratung QUINGS, entdeckte meine Leidenschaft fürs Speaking, schrieb eine regelmäßige New-Work-Kolumne, wurde als Gästin zu Interviews eingeladen und war in einem ntv-Beitrag als Expertin dabei.

Doch all das wurde sehr schnell sehr viel, und nur allzu bald erlebte ich am eigenen Leib, was es heißt, die Arbeit zum Hobby werden zu lassen und auf zu vielen Hochzeiten zu tanzen. Natürlich blieb das nicht ohne Folgen: Im November 2022 erhielt ich die Diagnose Depression und entschied mich für einen Hard Cut. Ich beendete meine freie Tätigkeit als Eventregisseurin, setzte mir feste Arbeitszeiten, beendete die Wochenendarbeit, sagte viele anstehende Projekte ab und fing an, mein eigenes New Work zu entwickeln, anstatt nur darüber zu sprechen.

Und das wirst auch du tun. Mithilfe dieses Buches, mithilfe der Gedanken der Expert*innen, mithilfe der Beispiele und ganz besonders mithilfe der Fragen, die ich dir am Ende jedes Kapitels stelle. Denn das Konzept New Work bezieht sich nicht nur auf die Arbeit, es ist vielmehr eine Lebenseinstellung für jede*n Einzelne*n.

Damit auch der Humor nicht zu kurz kommt, findest du zu Beginn eines jeden Kapitels alte Redewendungen, die wir alle kennen und die oft nicht mehr mit der neuen Arbeitswelt übereinstimmen. Ich räume mit ihnen auf und zeige dir, wie viel sich bereits verändert hat und noch verändern wird.

Bevor du loslegst, wünsche ich mir noch eine Sache von dir: Offenheit beim Lesen!

Verschließ dich nicht direkt vor Kapiteln, die dich auf den ersten Blick nicht interessieren. In jedem davon findest du neue und einfach umzusetzende Impulse, die dir dabei helfen, New-Work-Modelle für dich oder auch in deinem Unternehmen voranzutreiben.

Offen durchs Leben zu gehen, macht das Leben nicht schwerer, sondern leichter!

Außerdem ein Tipp für dich: Nutze Haftnotizen, Post-its, Klebchen oder wie du es nennen willst. Dieses einfache Hilfsmittel hat für mich bereits Wunder gewirkt, weil man doch mehr vergisst, als man behalten möchte. Außerdem findest du am Ende des Buchs ein Glossar, das dir die gängigsten New-Work-Begriffe erläutert.

Ich wünsche dir viel Spaß beim Lesen und freue mich, dass du mein erstes Buch in den Händen hältst, um dich mit meinem Herzensthema auseinanderzusetzen. Ich würde sagen, wir starten, oder?

NEW WHAT? NEW WORK!

»ERST DIE ARBEIT, DANN DAS VERGNÜGEN!«

Ein Spruch, der tief in uns verankert ist, und doch genau das Gegenteil des New-Work-Gedankens verkörpert.

Aber was bedeutet eigentlich New Work?
Leider ist das Thema New Work sehr komplex, und es gibt keine allgemeingültige Definition. Genau deswegen erarbeiten wir während dieses Buchs gemeinsam eine Definition, die du am Ende findest und für dich nutzen kannst. Was jedoch einheitlich ist, ist die Entstehungsgeschichte, und die möchte ich dir jetzt erzählen.

Es war einmal ... New Work

Das New-Work-Konzept wurde von Frithjof Bergmann ins Leben gerufen. Geboren am 24.12.1930, erkannte er bereits Ende der 1980er-Jahre, dass ein Gegenentwurf zum Sozialismus und auch Kapitalismus längst überfällig war, und entwickelte das Konzept der »Neuen Arbeit«, das wir heute unter New Work kennen. Bergmann waren die Themen »Arbeit«, »Kreativität« und »Selbstbestimmung« sehr wichtig, weshalb sie eine zentrale Rolle in seinem Gegenentwurf und seinen Gedanken einnahmen.[1]

Eine seiner für die New-Work-Bewegung prägenden Aussagen: »Die Macht der Lohnarbeit [...] muss so schnell wie möglich beendet werden. Das geht nicht mit kosmetischen Korrekturen am Lohnarbeitssystem, etwa durch ergonomische Arbeitsplätze oder gewerkschaftlich erkämpfte Pausen. Dafür müssen die Grundstrukturen des Systems geändert werden.«[2]

Bergmann erkannte schon früh, dass sich unsere Art zu arbeiten verändern muss, wenn wir weiterhin als Gesellschaft bestehen wollen. Um dieses Ziel zu erreichen, setzte er allerdings nicht auf äußere Veränderungen. Seiner Überzeugung nach war es zielführender, beim Denken von uns Menschen anzusetzen und so das System zu verbessern.

Du kennst doch bestimmt diese Aussage: »Wir leben nicht, um zu arbeiten, sondern wir arbeiten, um zu leben«, oder? So ähnlich formulierte auch Bergmann den Kern von New Work:

»Nicht wir sollen der Arbeit dienen, sondern die Arbeit sollte uns dienen und uns Kraft und Energie verleihen, damit wir lebendigere, vollständigere und stärke Menschen werden.« [3]

Was mich an New Work so begeistert, ist der Ruf nach Individualität und der Fokus auf die menschlichen Bedürfnisse. Arbeit wird nicht mehr nur als Zahlungsmittel angesehen, sondern soll zu einem Werkzeug werden, mit dem wir unsere Entwicklung fördern.

Klingt für dich spirituell und nur schwer umzusetzen? Verstehe ich, denn wenn es nach Bergmann geht, müssen wir uns ganz viel mit unseren Fähigkeiten und Wünschen beschäftigen, was, ehrlich gesagt, umständlich und neu für uns ist. Wir haben gelernt, unseren Job als Mittel zum Zweck zu sehen, effizient zu arbeiten, auf Führungskräfte zu hören und unsere eigenen Wünsche hintanzustellen. Um zu erkennen, dass wir ebendiese Wünsche mithilfe der Arbeit erfüllen können, braucht es ein Umdenken und ein offenes Mindset. (Jetzt weißt du, warum ich mir zu Beginn Offenheit von dir gewünscht habe.)

New Work heute

Um New Work zu veranschaulichen und die Komplexität des Themas zu verdeutlichen, nutze ich als visuelle Unterstützung gerne die »Megatrend Map« des Zukunftsinstituts[4], die aufgebaut ist wie eine U-Bahn-Karte. Du siehst sie hier in abgewandelter Form mit dem Fokus auf den Megatrend New Work und den einzelnen zugehörigen Aspekten.

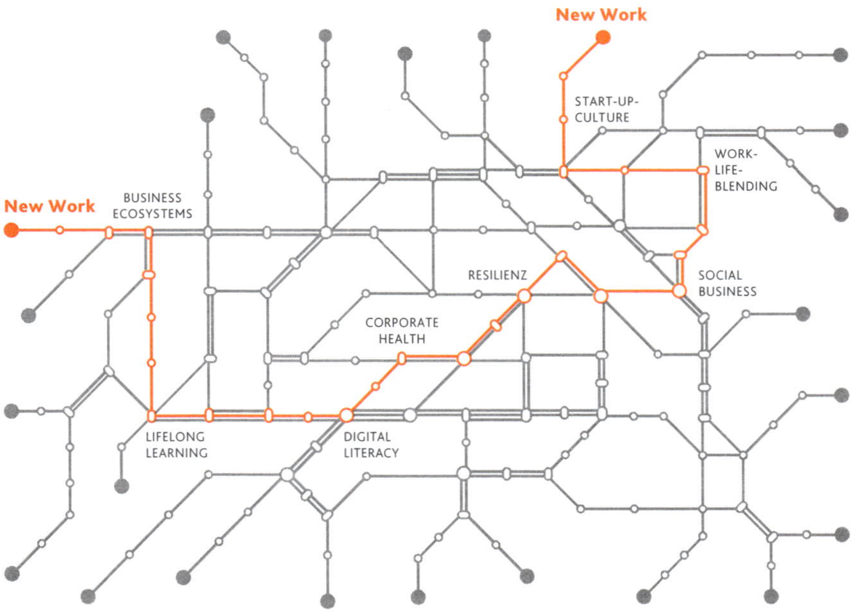

An diesen orientiere ich mich auch beim Schreiben dieses Buchs und bringe dir die Kernbegriffe näher, sodass du am Ende genau weißt, was New Work bedeutet. Gemeinsam werden wir eine einheitliche Definition finden, die du jederzeit nutzen kannst und die alle Facetten von New Work abdeckt.

Ich persönlich mag am New-Work-Konzept, dass es hierbei nicht nur um die Arbeitswelt geht, sondern wir damit auch der Gesellschaft etwas Gutes tun können.

Nach Frithjof Bergmann gibt es nämlich fünf Prinzipien von New Work:

1. Freiheit
2. Selbstverantwortung
3. Sinn
4. Entwicklung
5. Soziale Verantwortung.

Auch sie wirst du im Laufe dieses Buchs wiederfinden und dabei merken, wie wichtig es ist, Arbeit und Gesellschaft nicht isoliert zu betrachten.

Du siehst, das Thema ist komplex, und bevor du jetzt aufhörst zu lesen: Ich werde es dir so einfach wie möglich machen, es zu verstehen!

Als Einstieg findest du hier einige verschiedene Definitionen:

»NEW WORK IST VEREINBARKEIT FÜR ALLE.«
(Vanessa Jobst-Jürgens | Autorin, Beirätin, Senior Managerin für Transformation)

»NEW WORK IST DER VERSUCH, AUF DREI EBENEN ARBEIT ZU VERBESSERN: AUF DER INDIVIDUELLEN EBENE, AUF DER ZWISCHENMENSCHLICHEN EBENE [...] UND AUF DER GESELLSCHAFTLICHEN EBENE. ES GEHT DARUM, ARBEIT SO ZU VERBESSERN UND UMZUGESTALTEN, DASS SIE MENSCHEN, ORGANISATIONEN UND DIE GESELLSCHAFT STÄRKT.«
(Michael Trautmann | Co-Founder & CGO NWMS GmbH, Podcaster, Autor)

»EINE NEUE ARBEITSWELT IST KEINE, IN DER ICH MICH EINFACH BESONDERS GUT FÜHLE UND FÜR MICH DAS BESTE RAUSHOLE. SONDERN EINE NEUE ARBEITSWELT IST AUCH EINE FAIRE ARBEITSWELT. DAS BEDEUTET EBEN AUCH, DASS WIR INKLUSIVE KULTUREN SCHAFFEN, NACHHALTIG AGIEREN UND WIN-WIN-SITUATIONEN SCHAFFEN.«

(Swantje Allmers | Co-Founder & CEO NWMS GmbH, Autorin)

»NEW WORK IST FÜR MICH, MENSCHEN SO ARBEITEN ZU LASSEN, DASS SIE IHREN BESTMÖGLICHEN OUTPUT ERBRINGEN KÖNNEN, UND DAS ÜBER EINE SEHR LANGE ZEIT.«

(Verena Pausder | Unternehmerin, Investorin)

»NEW WORK IST ERST MAL EIN INNERES ABENTEUER, BEI DEM WIR LANGSAM LERNEN, AUS ALLEM MECHANISCHEN DENKEN HERAUSZUKOMMEN.«

(Fréderic Laloux | Führungskräftecoach, Autor)

»NEW WORK IST DIE ENTWICKLUNG VON ARBEIT.«

(Harry Gatterer | Geschäftsführender Gesellschafter Zukunftsinstitut)

Jetzt weißt du, was andere Menschen unter New Work verstehen, und siehst, dass manche mehr und manche weniger zusammenfassend etwas über das Konzept sagen. Doch alle haben einen Gedanken gemeinsam:

Wir brauchen die Entwicklung hin zu einer neuen Arbeitswelt!

Aber weshalb brauchen wir New Work?

Warum liest du dieses Buch? Und warum beschäftigen sich so viele Unternehmen mit dem Thema?

Ein Ansatz, der das zu erklären versucht, nennt sich **VUCA.** Dabei stehen die Buchstaben für
Volatility (Flüchtigkeit),
Uncertainty (Ungewissheit),
Complexity (Komplexität) und
Ambiguity (Mehrdeutigkeit).

Im Kern geht es darum, dass unsere schnelllebige Welt immer unvorhersehbarer wird, Projekte sich weniger langfristig planen lassen, Probleme und ihre Auswirkungen immer komplexer werden und es keine einfache Lösung gibt, die alles abdeckt.[5]

Doch das VUCA-Konzept ist mittlerweile schon fast nicht mehr aktuell, an seine Stelle tritt mehr und mehr das **BANI**-Modell. Dabei stehen die Buchstaben ebenfalls für englische Begriffe, die unsere Welt noch besser beschreiben sollen:
Brittle (brüchig),
Anxious (ängstlich),
Non-Linear (nicht linear) und
Incomprehensible (unbegreiflich).

BANI beschreibt, dass unsere heutige Welt vor Veränderungen, Chaos und Katastrophen steht, und wir lernen müssen, damit umzugehen und angemessen zu reagieren.[6]

Weitere Punkte, die dafür sorgen, dass der Schrei nach Veränderung immer größer wird, sind unter anderem die Urbanisierung (Wachstum von Städten), die steigende Rechenleistung (Datenverarbeitung), der demografische Wandel (Alterung und wachsende Vielfalt der Bevölkerung) und der Anstieg gesellschaftlicher Erwartungen.

Der wohl dringendste Punkt aber, der die New-Work-Entwicklung befeuert, ist der Fachkräftemangel. Und der hat auf jede*n von uns erhebliche Auswirkungen.

Was bedeutet Fachkräftemangel?

Ähnlich wie für den Begriff New Work gibt es auch für den Fachkräftemangel keine einheitliche Definition, aber im Kern sind sich alle einig: Wir sprechen von einer Situation, in der die Arbeitgebenden einen höheren Bedarf an qualifizierten Mitarbeitenden haben, als es auf dem Markt gibt. Dabei geht es nicht nur um eine Momentaufnahme, sondern vielmehr um eine langfristige Betrachtung der Situation.[7] Die Nachfrage ist also höher als das Angebot, was dazu führt, dass Unternehmen händeringend Mitarbeitende suchen, beim Recruiting großartige Angebote machen, um sie zu gewinnen, und Bewerbende sich frei aussuchen können, wo sie arbeiten wollen.

Prognosen zufolge wird die Zahl der Personen im erwerbsfähigen Alter bis zum Jahr 2030 um 3,9 Millionen und bis 2060 um 10,2 Millionen sinken. Diese Aussicht sorgt dafür, dass mehr als die Hälfte der Unternehmen in Deutschland den Fachkräftemangel als die größte Gefahr für ihre Geschäftsentwicklung betrachten. Aktuell gibt es in 44 % aller Berufsgruppen einen Fachkräftemangel.[8]

Bereits heutzutage gibt es fast 540.000 Stellen, die regelmäßig nicht besetzt werden, doch die Frage ist: Wieso?

Zum einen ist hier die ungleiche Verteilung von Auszubildenden und Absolvent*innen zu nennen. Immer mehr junge Menschen studieren, statt handwerklichen Berufen nachzugehen. Zum anderen spielt der demografische Wandel ebenfalls eine Rolle. Hinzu kommt häufig eine geringe Bezahlung bei steigender Belastung, zum Beispiel in der Pflege oder auch für Erzieher*innen, was junge Leute davon abhält, einen bestimmten Beruf zu ergreifen. Zudem steigt seit Jahren die Zahl derjenigen, die ihre Schullaufbahn ohne Abschluss beenden.

Der letzte ist der für mich erschreckendste Punkt, denn laut einer Studie aus dem Herbst 2022 geht jede*r zehnte Deutsche zwischen achtzehn und vierundzwanzig

Jahren keiner Arbeit nach und absolviert auch keine Ausbildung – alles junge Menschen, die der Arbeitsmarkt dringend gebrauchen könnte.[9]

So, jetzt weißt du, was man unter Fachkräftemangel versteht und was die Ursachen dafür sind. Möglicherweise denkst du jetzt, dass das alles dein Leben nicht betrifft, weil du eine sichere Arbeitsstelle hast und auch in deinem Freundeskreis niemand darunter leidet, doch so ist es leider nicht. Der Fachkräftemangel hat Auswirkungen, die für uns alle spürbar sind:

- Das Fehlen von qualifiziertem Personal führt zu einem Rückgang des Wirtschaftswachstums.
  - ▷ Die Preise für Produkte und Dienstleistungen steigen.
- Die Beschäftigungssituation wird zunehmend unsicher, langfristige Planung ist nicht mehr oder kaum noch möglich.
  - ▷ Arbeitnehmende müssen häufiger den Arbeitsplatz wechseln.
- Unternehmen könnten gezwungen sein, Dienstleistungen und Produkte mit geringerer Qualität anzubieten, um weiter Gewinn zu erwirtschaften.
  - ▷ Die deutsche Qualität, die du gewohnt bist, geht verloren.
- Wenn weniger Menschen die Rentensysteme unterstützen, während mehr ältere Menschen Leistungen in Anspruch nehmen, fallen die Renten geringer aus.
  - ▷ Du arbeitest auch im Alter noch, um deine Kosten zu decken.[10]

Fassen wir also zusammen, warum wir New Work benötigen:

In unserer sich ständig verändernden, schnelllebigen und komplexen Welt, die von Unsicherheit und demografischem Wandel geprägt ist, löst New Work den Fachkräftemangel, verbessert die Lebensqualität und sichert die Zukunft unserer Gesellschaft.

Wie das gehen soll? Nun, unter anderem mithilfe von neuen Arbeitsmodellen …

NEUE ARBEITSMODELLE

»ZEIT IST GELD!«

Der Satz impliziert, dass wir mehr Geld verdienen, wenn wir mehr Zeit für unsere Arbeit aufwenden. Doch heutzutage legen viele Arbeitnehmende den Fokus auf weniger Arbeitsstunden und eine flexible Zeiteinteilung.

Flexibilität ist eins der meistgenannten Worte, wenn das Thema New Work aufkommt. Es geht darum, wann, wo und wie man arbeiten möchte. Im Folgenden findest du verschiedene Möglichkeiten, das eigene Arbeitsmodell zu gestalten:

- Es gibt Menschen, die keinen festen Wohnsitz mehr haben und ihr Geld mit digitalen Dienstleistungen verdienen, die sie von jedem Ort der Welt aus erledigen können. Bei diesen sogenannten digitalen Nomaden muss nur die Internetverbindung stimmen.

- Es gibt Menschen, die ausschließlich im Homeoffice arbeiten und nur für bestimmte Anlässe, wie Events oder Auswärtstermine, ihr Nest verlassen. So ein Mensch bin ich.

- Es gibt Menschen, die ihr Büro lieben und am liebsten ausschließlich dort arbeiten, weil sie den spontanen Austausch mit Kolleg*innen schätzen und ihre Arbeit nicht mit nach Hause nehmen möchten.

- Es gibt Menschen, die Jobsharing betreiben. Hierbei wird eine Position unter zwei oder mehr Menschen aufgeteilt.

- Es gibt Menschen, die Teilzeit, vier Tage in der Woche, vier Stunden pro Tag oder in abwechselnden Wochenrhythmen arbeiten.
- Es gibt Menschen, die selbstständig sind, und es gibt Menschen, denen eine Anstellung besser gefällt.
- Es gibt Menschen, die ganze Unternehmen virtuell aufziehen und kein festes Büro haben, in dem sich alle Mitarbeitenden regelmäßig versammeln.
- Es gibt Menschen, die sowohl angestellt als auch selbstständig arbeiten und die Kombination aus Sicherheit und Flexibilität schätzen.
- Es gibt Menschen, die ihren Unterhalt durch situative, auf Kurzfristigkeit basierende Jobs bestreiten.
- Es gibt Menschen, die in Co-Working-Spaces arbeiten, von Büro zu Büro ziehen oder sich in vorhandenen Büros einmieten.

Und es gibt Menschen, die all diese Aspekte vereinen. Die mal im Homeoffice und mal im Büro arbeiten, mal weniger und mal mehr Stunden machen, mal aus Deutschland und mal aus dem Ausland ihre Aufgaben erledigen.

Es gibt Menschen, die ihre Art zu arbeiten so gestalten, dass sie zu ihnen passt. Vielleicht gehörst du ja (bald) auch dazu?

Remote Work: Arbeitsplatz »Welt«

Laut Definition des Zukunftsinstituts erlaubt einem Remote Work, »konzentriert dort zu arbeiten, wo man einen Teil seiner Freizeit verbringen möchte«.[1] Und dieses Konzept wird nicht nur bei Einzelpersonen immer beliebter.

Ich habe es bereits beschrieben: Es gibt Menschen, die ganze Unternehmen remote aufziehen und ihre Mitarbeitenden aus dem Homeoffice führen. So ein Unternehmen leitet Céline Flores Willers, die in meinem Podcast zu Gast war. Céline ist Unternehmerin, Gründerin und CEO von The People Branding Company, der führenden LinkedIn-Beratung in Deutschland. Gemeinsam mit einem Team von rund 25 Talenten berät sie Firmen wie Hugo Boss, SAP oder die Techniker Krankenkasse hinsichtlich ihrer Positionierung auf der Business-Plattform.

Doch wie sorgt man für eine positive Kultur, ein kollegiales Miteinander und einen starken Zusammenhalt der Mitarbeitenden, wenn man sich nie persönlich begegnet?

Céline erzählt, dass es zu Beginn der Gründung gar nicht so einfach war, das Unternehmen remote aufzubauen. Doch über die Jahre hat sie gelernt, bei Einstellungsgesprächen beispielsweise darauf zu achten, ob jemand Erfahrung mit Remote Work hat oder nicht, denn ein solches Arbeitsmodell eignet sich nicht für jede*n.

Teambindung und eine positive Unternehmenskultur entstehen weiterhin am besten durch persönliche Begegnungen, das weiß auch Céline. Und so trifft sie sich mit ihrem Team einmal im Quartal zur Workation, und zwar immer an einem anderen Ort, zuletzt auf Mallorca oder mitten in den Alpen. Außerdem hat sie für ihr gesamtes Team die sogenannten »Fresh Fridays« eingeführt. Das bedeutet, dass alle Mitarbeitenden an jedem ersten Freitag im Monat frei haben, und das bezahlt: ein monatlicher Extra-Urlaubstag für die Extraportion Motivation.

»Eine meiner Aufgaben als CEO ist es, darauf zu achten, dass meine Mitarbeitenden wirklich Pausen machen. Und manchmal reicht in unserem High-paced-Beratungsgeschäft ein Wochenende eben nicht, um abzuschalten«, erklärt sie die Motivation hinter der Einführung der »Fresh Fridays«.

Ähnlich startete ich mein Unternehmen QUINGS und baute mein Team über virtuelle Meetings, digitale Tools und Online-Gruppenaustausch auf. Es besteht überwiegend aus Freelancer*innen, es gibt aber auch eine festangestellte Mitarbeiterin. Einige Teammitglieder arbeiten ausschließlich auf selbstständiger Basis, andere sind woanders fest angestellt, und wieder andere leben sogar im Ausland. Die Aufgabenverteilung übernehme ich, und die Abstimmung funktioniert auch unter den Teammitgliedern. Alle vierzehn Tage treffen wir uns zu einem virtuellen Teammeeting, und in der Zwischenzeit tauschen wir uns regelmäßig in unserer WhatsApp-Gruppe aus.

Doch obwohl ich es selbst praktiziere, weiß ich: Nicht jede Person und nicht jeder Job ist für Remote Work gemacht, und das ist auch völlig in Ordnung. Wichtig ist, dass du für dich herausfindest, welche Art zu arbeiten am besten zu dir passt.

Raumdesign: Aus alt mach New (Work)

So kann zum Beispiel auch ein Co-Working-Space ein toller Ort zum Arbeiten sein. Co-Working-Spaces sind Räumlichkeiten, in denen verschiedene Leute zusammenkommen und sich einen Arbeitsbereich teilen. Manche Co-Working-Spaces legen den Fokus auf Gründer*innen, manche auf Eltern mit Kindern, manche auf den Netzwerkgedanken und manche auf das Design.

Und auch in Unternehmen werden Räume anders gestaltet, um neue Möglichkeiten der (Zusammen-)Arbeit zu kreieren. Bei der Schaffung und Einrichtung von Räumlichkeiten sind dank New Work die Möglichkeiten schier unendlich:

- Hat ein Unternehmen nur ein Großraumbüro zur Verfügung, können dort Boxen untergebracht werden, in denen man in Ruhe telefonieren kann, ohne die anderen zu stören.
- Möchte ein Unternehmen keinen festen Schreibtisch mehr anbieten, kann es Desk Sharing nutzen.
- Legt ein Unternehmen Wert darauf, die Mitarbeitenden im Homeoffice gut auszustatten, kann es externe Angebote in Anspruch nehmen, bei denen die Homeoffice-Ausstattung im Abomodell gemietet wird.

Und das sind nur ein paar der Lösungen, die aktuell schon angeboten werden. Was mich noch viel mehr fasziniert, sind die Möglichkeiten, die wir in Zukunft haben werden!

So schreibt Ute Elisabeth Weiland in dem Buch *Zukunftsrepublik,* dass in absehbarer Zeit individualisierte Wunschbüros entstehen werden, die Mitarbeitende mithilfe von sogenannten Robotic Interiors so verändern können, dass sich die Zimmergröße durch verschiebbare Wände variieren lässt: »Um einen Konferenzraum zu schaffen, fahre ich die Beleuchtung komplett in die Decke, sodass sich die Wände zu einem neuen großen Raum zusammenfinden können.«[2]

Was ich bei all den Neuerungen sehr wichtig finde: Auch das Altbewährte darf bestehen bleiben. Menschen, die gerne in Einzelbüros arbeiten oder das Großraumbüro schätzen, sollten ihre gewohnten Arbeitsmodelle beibehalten dürfen. Denn Unternehmen müssen nicht bei jeder aktuellen Entwicklungen auf den Zug aufspringen, nur weil es gerade der Trend ist. Viel schöner ist es, wenn die Verantwortlichen auf die Wünsche ihrer Mitarbeitenden hören und auf dieser Basis die passenden Neuerungen einführen.

Flexicurity: Das Beste aus beiden Welten

Der Begriff »Flexicurity« setzt sich zusammen aus »Flexibility« und »Security«. Es geht also um eine Balance zwischen Flexibilität und Sicherheit, die ich persönlich sehr lange zu schätzen wusste. Am 01.09.2016 gründete ich mein Gewerbe und arbeitete neben meinem Bachelorstudium als Hostess. Neben meinem Masterstudium arbeitete ich als freie Eventregisseurin und im Social Media Marketing, und als ich am 01.09.2019 in meine Festanstellung startete, verdiente ich mir als Dozentin etwas dazu. Da meine damalige Chefin keine Kapazitäten hatte, mich für eine Vierzigstundenwoche einzustellen, fanden wir die Lösung von 60 % Festanstellung und 40 % Selbstständigkeit. Das war für mich die ideale Art zu arbeiten. Ich genoss die Sicherheit eines festen Einkommens und gleichzeitig die Freiheit, mich in meiner Selbstständigkeit auszuleben.

Ähnlich flexibel arbeitet meine Podcastgästin Janna Linke. Janna ist als Redakteurin bei ntv und Moderatorin des »Startup Magazins« angestellt bei der Mediengruppe RTL. Zusätzlich ist sie Podcast-Host, moderiert auf Events und geht weiteren Projekten abseits ihrer Festanstellung nach. Der Unterschied zwischen ihrem und meinem ehemaligen Arbeitsmodell: Janna ist zu 100 % angestellt. Trotzdem kann sie sich ihre Zeit frei einteilen und gilt mit ihrem Arbeitsmodell als Intrapreneurin.

Intrapreneur*innen sind Mitarbeitende, die unternehmerisch denken und handeln und Innovationen und neue Ideen innerhalb des Unternehmens vorantreiben. Im Gegensatz zu Unternehmer*innen arbeiten Intrapreneur*innen innerhalb der Organisation und fördern die Effizienz, Wettbewerbsfähigkeit und das Wachstum, ohne tatsächlich ein eigenes Unternehmen zu gründen.

Laut Janna sind folgende Aspekte wichtig, um in unserer neuen Arbeitswelt zu bestehen: hohe Motivation, große Neugier, realistische Einschätzung der eigenen Fähigkeiten und Ziele, für die es sich einzustehen lohnt. Sie sagt: »Hab keine Angst, die Komfortzone zu verlassen, denn nur hier passieren die spannenden Dinge.«

An ihrem Arbeitsmodell schätzt sie, dass sie sowohl aus dem Homeoffice als auch im Büro arbeiten kann. Ebenso erlaubt es ihr, anderen Tätigkeiten nachzugehen und das zu tun, was sie erfüllt. Denn ihr persönlich ist der sinnstiftende Aspekt ihrer Arbeit sehr wichtig, damit sie ab und zu auch mal mehr als 100 % geben kann.

Jannas **Tipp** zum Entschleunigen: Die Arbeit nicht als großen Berg betrachten, sondern eher als viele kleine Hügel, die man erklimmen muss, um das eigene Ziel zu erreichen. Außerdem ist es wichtig, stolz auf die eigenen Erfolge zu sein.

Natürlich gibt es bei solchen Arbeitsmodellen auch Schattenseiten, beispielsweise besteht immer die Gefahr der Überforderung. Auch ich habe zunächst zu viele

Projekte in Angriff genommen, was unter anderem in eine Depression führte. So bedeutet New Work nicht nur, mehr Verantwortung für berufliche Projekte zu übernehmen, sondern auch, sich eigenverantwortlich um die eigene Gesundheit zu kümmern.

Dein eigener Weg zu New Work

Ich stelle dir jetzt drei Fragen, die dir dabei helfen sollen, das für dich ideale Arbeitsmodell zu finden. Bitte löse dich bei ihrer Beantwortung von der Art, wie du aktuell arbeitest, und denke ausschließlich an deine Idealvorstellung:

1. Wann und wo bist du am produktivsten?
2. Gehst du gerne ins Büro, bleibst du lieber im Homeoffice, oder bevorzugst du eine Kombination aus beidem?
3. Soll bei dir jeder Arbeitstag zur selben Zeiten starten und enden, oder möchtest du dir deine Arbeitszeit frei einteilen?

Super! Wenn du die Fragen beantwortet hast, weißt du, welches Modell am besten zu dir passt. Wenn dein Arbeitsalltag im Moment noch ganz anders aussieht, solltest du etwas ändern. Doch bevor du jetzt losstürmst und deinen Job kündigst, lies dir erst mal die nächsten Kapitel durch, denn es gibt noch viel mehr, was du anpassen kannst, als nur die Arbeitszeit und den -ort.

SOZIALE UND MENSCHLICHE VERANTWORTUNG

»OHNE FLEISS KEIN PREIS.«

Diese alte Redewendung findet immer noch häufig Verwendung. Dabei geht es in unserer heutigen Welt nicht mehr nur darum, fleißig die eigene Arbeit zu erledigen, sondern auch darum, den Fokus auf den Menschen zu legen.

Egal ob im Homeoffice, auf einem anderen Kontinent oder im Büro: Der Austausch mit Kolleg*innen und Vorgesetzten ist uns allen sehr wichtig. Auch wenn ich mein Homeoffice liebe, brauche ich Calls mit meinem Team, den Austausch via Social Media oder auch das ein oder andere Event. Menschliche Beziehungen sind von großer Bedeutung, weil sie emotionale Unterstützung bieten, soziale Interaktion und Kommunikation fördern und ein Gefühl von Zugehörigkeit und Identität vermitteln.

Persönliche Begegnungen und menschliche Beziehungen sorgen dafür, dass wir uns vertrauen, wohl und verbunden fühlen und über uns hinauswachsen.

Doch immer mehr Menschen reicht das nicht mehr. Viele von uns haben das Bedürfnis, auch soziale Verantwortung zu übernehmen. Die Arbeit soll sinnstiftend sein und einen Zweck erfüllen, positive Auswirkungen auf unsere Gesellschaft haben und sie zu einer besseren machen.

Doch bevor wir anfangen, die Welt um uns herum zu verbessern, sollten wir zunächst mal vor der eigenen Haustür kehren ...

Inner Work: Es fängt bei uns an

Bevor wir den New-Work-Gedanken in Unternehmen vorantreiben, müssen wir also zuerst an uns arbeiten. Wir sollten Neuerungen gegenüber offen sein, gemachte Fehler als Chance zur Verbesserung sehen, an unserem Growth Mindset arbeiten und auf die Bedürfnisse unserer Mitmenschen achten.

Hört sich nicht so schwer an? Denk an meine Worte, wenn dich das nächste Mal deine alten Glaubenssätze einholen. Wenn du bspw. eine junge Frau im Konzern automatisch als die Praktikantin abstempelst, einem älteren Herrn im Anzug fehlende digitale Kenntnisse unterstellst, Emotionen am Arbeitsplatz als Schwäche siehst und Veränderungen in Prozessen direkt als negativ abtust.

Ist dir schon passiert? Keine Sorge, mir auch, und es passiert auch immer noch. Denn Glaubenssätze, die wir als junge Menschen vermittelt bekommen haben, bleiben lange verankert. Dass wir die meisten dieser alten Glaubenssätze nicht mehr brauchen und wie wir gekonnt Inner Work einsetzen, um den Grundstein für New Work zu legen, zeigt das Buch *New Work needs Inner Work* von Joana Breidenbach und Bettina Rollow.

Die Bedeutung von Kommunikation

Die Autorinnen unterscheiden im Buch zwischen sichtbaren und unsichtbaren Dimensionen. Sich die beiden Ebenen bewusst zu machen, ist eine wichtige Voraussetzung für Inner Work. Wenn eine Mitarbeiterin ihre Kaffeetasse immer in die Spüle statt in den Geschirrspüler stellt, ist das die sichtbare Dimension. Bei der unsichtbaren Dimension geht es um den Hintergrund – warum tut sie das? Es ist also nicht nur wichtig, wie wir etwas tun, sondern auch, warum wir auf eine bestimmte Art und Weise handeln.

Um ein besseres Verständnis für unser eigenes Verhalten und das unserer Kolleg*innen zu entwickeln, sollten wir daher im Team offen über unsere Werte und Bedürfnisse sprechen. Obwohl das zunächst ungewohnt erscheinen mag, ist es wichtig, solche Gespräche auch im beruflichen Kontext zu führen.

Mögliche Ansätze für diese Gespräche sind:

- **Erwartungsmanagement betreiben.** Welche konkreten Prozesse erwarten die Teammitglieder im Arbeitsalltag, und warum sind ihnen diese wichtig?
- **Über Ängste und Unsicherheiten sprechen.** So weiß das Team, welche Rahmenbedingungen jedes Mitglied braucht, um gesund und produktiv zu arbeiten.
- **Eine offene Kommunikationskultur.** Beispielsweise helfen Check-ins oder Check-outs, die Qualität des Austauschs zu verbessern. Es werden mehr Gedanken eingebracht, die für die Zusammenarbeit relevant sind.

Sehr essenziell sind, laut Breidenbach und Rollow, einerseits das Bedürfnis nach Sicherheit und Struktur und andererseits das Bedürfnis nach Wachstum und Freiheit. Diese Bedürfnisse existieren in jeder Person, allerdings variieren sie in ihrer Intensität. Einige Mitarbeitende fühlen sich schnell überfordert, wenn ihnen zu viel Entscheidungsfreiheit gewährt wird, während andere erst dann ihre kreativen Potenziale entfalten können, wenn sie bei ihrer Arbeit ausreichend Spielraum haben.[1]

Emotionen am Arbeitsplatz

Ich habe es zu Beginn des Kapitels geschrieben: Emotionen am Arbeitsplatz sollten nicht als Schwäche gesehen werden, und doch ist es aktuell so, weil wir so geprägt wurden. Dass es anders sein darf und welche Vorteile gelebte Emotionen bei der Arbeit mit sich bringen, beschreibt Magdalena Rogl in ihrem Buch *MitGefühl – Warum Emotionen im Job unverzichtbar sind.* Als Diversity & Inclusion Lead von Microsoft Deutschland war sie zudem Gast in meinem Podcast und hat dort noch mehr Einblicke in das Thema »Emotionen bei der Arbeit« gegeben.

Magdalena unterstreicht, dass das Zeigen von Emotionen zu mehr Erfolg von Teams und Unternehmen führt, was bereits durch wissenschaftliche Studien belegt wurde. Eine Studie aus dem Jahr 2009 hat bspw. ergeben, dass das Zeigen von Trauer zu verbesserten zwischenmenschlichen Beziehungen, einer gesteigerten Bindung und einer erhöhten Einsatzbereitschaft bei den Mitarbeitenden führt.[2]

Dabei zeigen wir alle bei der Arbeit Emotionen. »Wir können nicht nicht emotional sein«, sagt sie und betont, dass Emotionen nicht mit Tränen gleichzusetzen sind. Gefühle können sich auf vielfältige Weise zeigen: Emotional ist zum Beispiel auch ein Chef, der laut wird. Wichtig ist es aus ihrer Sicht, eine gewisse emotionale Intelligenz zu entwickeln. »Emotionale Intelligenz beschreibt die Fähigkeit, eigene und die Gefühle anderer bewusst wahrzunehmen, sie nachzuvollziehen, zu reflektieren und sinnvoll zu nutzen.«[3] Ziel ist es, Emotionen bewusst wahrzunehmen und sie zu nutzen, um bei der Arbeit erfolgreicher und auch glücklicher zu sein.

Eine gute Gelegenheit, sich mit dem Gefühlsleben der Kolleg*innen auseinanderzusetzen, ist der bereits thematisierte Check-in. Eine mögliche Frage, die über das klassische »Wie geht's dir?« hinausgeht, ist: »Welche Gedanken bringt ihr mit in das Meeting?«

Wir dürfen unsere Arbeit nicht mehr losgelöst von unserem Privatleben sehen, denn alles bedingt und beeinflusst sich gegenseitig.

»Es ist wichtig, dass wir diese Unterschiede wahrnehmen und dieser emotionalen Diversität Raum geben. Dass wir akzeptieren, wenn Menschen eine andere Art haben als wir, ihre Gefühle auszudrücken«[4], schreibt die Autorin, und dieser Auffassung bin auch ich. Magdalena und ich haben eine ähnliche Vorstellung von einem besseren Miteinander in der Arbeitswelt und davon, wie wir durch Glücklichsein bei der Arbeit auch unsere Lebensqualität und schlussendlich sogar unsere Gesellschaft verbessern.

Human Relations: Neuerfindung des HR

»Wir sollten Menschen nicht mehr als Arbeitsressource, sondern als die einzigartigen Persönlichkeiten, die sie sind, begreifen«[5], schreibt Magdalena in ihrem Buch, und das sieht glücklicherweise nicht nur sie so.

Ein Schritt in die richtige Richtung ist hierbei die Namensänderung der HR-Abteilung. Die ursprünglich als »Human Resources« bezeichnete Abteilung kümmert sich um die Belange der Mitarbeitenden, von der Einstellung über Schulungen und Gehaltsabrechnungen bis hin zur Lösung von Problemen am Arbeitsplatz. Heute wird aus »Human Resources« allerdings immer öfter »Human Relations« oder auch »People & Culture«, denn die Verantwortlichen in den Unternehmen erkennen zunehmend, dass Menschen nicht einfach nur Mittel sind, um ein gewisses Ziel zu erreichen und Umsatz zu machen, sondern dass Mitarbeitende auch Wertschätzung, ein Zugehörigkeitsgefühl und zwischenmenschliche Beziehungen am Arbeitsplatz benötigen. Denn Mitarbeitende sind keine austauschbaren Roboter, sondern Individuen mit eigenen Bedürfnissen und Fähigkeiten. Aufgabe von HR ist es nun, diese Erkenntnis gewinnbringend für die Unternehmensstruktur einzusetzen.

New Work legt den Fokus auf individuelles Arbeiten, und das gelingt nicht, indem wir alle Mitarbeitenden über einen Kamm scheren und sie als Ressourcen des jeweiligen Unternehmens betrachten.

»Zukunftsfähiges Personalwesen basiert auf Führung und Talente-Management«[6], schreibt das Zukunftsinstitut in einem Artikel über Human Relations, und ich finde dieses Zitat sehr passend. Denn wir Menschen entwickeln uns weiter, wollen dazulernen und Neues ausprobieren. Dreißig Jahre im selben Job? Das funktioniert heute oft nicht mehr, und mit der Entwicklung zu »New Leadership« und »Lifelong Learning« geht auch die Entwicklung zu einem neuen Personalwesen einher.

Selma Sadikovic hat die HR-Abteilung beim Bekleidungs-Start-up SNOCKS aufgebaut und sagt in meinem Podcast: »HR ist nicht mehr nur die Abteilung, die den Urlaub genehmigt, sondern mittlerweile mehr die Abteilung, die Mitarbeitenden durch ihren gesamten Employee Lifecycle begleitet – vom Recruiting und Onboarding über Personalentwicklung bis hin zum Exit.«

Onboarding-Prozesse, also die Einarbeitung der neuen Mitarbeitenden, werden verändert, da sich Unternehmen mehr Zeit für Menschen nehmen, die einen neuen Job beginnen. Bewerbungsgespräche werden nicht mehr nur von der HR-Abteilung geführt, sondern auch die potenzielle Führungskraft der sich bewerbenden Person ist mit dabei.

Frischer Wind für Bewerbungsprozesse

Bewerbungsprozesse, wie viele von uns sie noch von früher kennen – man verschickt einen Lebenslauf und ein Motivationsschreiben, wartet monatelang auf eine Rückmeldung und erfährt erst nach der vierten Runde der Bewerbungsgespräche, wie viel man in dem neuen Job eigentlich verdienen würde –, werden heute immer weniger. Heute sind diese Abläufe schneller und setzen den Fokus mehr auf die Wünsche der Bewerber*innen.

Ein gutes Beispiel dafür ist McDonald's. Als ich letztens mal wieder mit meinem Hund Homie die Strecke von Hamburg nach Köln fuhr, hielt ich bei dem Schnellrestaurant an. Unser Ritual, wenn wir lange Strecken fahren. Entweder Homie und ich teilen Pommes oder eine Bifi. Aus Neugier scannte ich in der Filiale den QR-Code auf dem Plakat, das für McDonald's als Arbeitgeber warb. Man kann von dem Unternehmen halten, was man möchte, doch die Stellenanzeige war echt gut gemacht. Was mich am meisten überraschte, war die folgende Aussage: »Wenn du möchtest, schick uns deinen Lebenslauf.« Solltest du jetzt denken, dass McDonald's kein super ausgebildetes Fachpersonal mit jahrelanger Berufserfahrung braucht, ist Erfahrung in der Gastro oder an der Kasse doch von Vorteil. Daher finde ich diese Art und Weise äußerst erfrischend.

Viele Unternehmen nutzen innovatives Recruiting, um potenzielle neue Mitarbeitende zu erreichen. Oft sind Bewerbungen mithilfe eines Videos oder des LinkedIn-Profils möglich, und Unternehmen nutzen ihre Social-Media-Auftritte bei TikTok oder Instagram, um Interessent*innen für sich zu gewinnen.

Johanna Geisler ist HR Consultant und berichtete in meinem Podcast, dass sie auch schon Bewerbende über die Dating-Plattform Bumble gefunden hat, und Magdalena Rogl gibt in ihrem Buch das Beispiel der Enterviews. Das sind »Gespräche, in denen neuen Mitarbeitenden noch einmal ausführlich und wertschätzend mitgeteilt wird, warum sich das Unternehmen für sie entschieden hat«.[7] Der Kreativität sind also keine Grenzen gesetzt.

Weiterbildung und persönliche Entwicklung

Die HR-Abteilung der Zukunft kümmert sich auch um die Entwicklung der Mitarbeitenden, indem sie Weiterbildungsangebote macht, die die Fähigkeiten und Interessen der Mitarbeitenden berücksichtigen. Die HR-Abteilung erkennt Kompetenzen, passt die Jobs der Entwicklung des Unternehmens an, profitiert von der Erfahrung der Mitarbeitenden, sorgt für die Vermittlung zwischen Alt und Jung, führt regelmäßige Befragungen durch, schult die Belegschaft, sucht global nach Personal und sorgt für ein attraktives Arbeitsumfeld.

Es gibt also viel zu tun für die neuen Personalabteilungen, denn menschenzentriertes Arbeiten hat eine erhebliche Bedeutung für die Zukunft sowohl einzelner Unternehmen als auch ganzer Branchen und kann auch einen sozialen Mehrwert schaffen.

Social Business: Unternehmen mit sozialem Mehrwert

Es gibt bereits zahlreiche Unternehmen, die einen Teil ihrer Einnahmen für wohltätige Zwecke spenden, gemeinnützige Organisationen unterstützen oder sich als Sponsoren an Events beteiligen, die mehr im Sinn haben als die bloße Gewinnerzielung. Doch eine neue Entwicklung sind die sogenannten Social Businesses, deren Geschäftsmodell nicht nur auf Geld verdienen abzielt, sondern auch auf soziale Ziele. Ein Beispiel dafür ist Viva con Agua. Vermutlich kennst du die Flaschen, auf denen »leise« für stilles Wasser und »laut« für Sprudelwasser steht.

Viva con Agua ist eine Organisation, die es sich zur Aufgabe gemacht hat, den Zugang zu sauberem Wasser in Entwicklungsländern zu verbessern. Sie finanziert ihre Projekte durch den Verkauf von Flaschenwasser und anderen Produkten durch die Viva con Agua Wasser GmbH. Diese Gesellschaft ist, wie so viele andere auch, auf das Erzielen von Gewinnen ausgerichtet, doch anders als bei klassischen Unternehmen fließen die Gewinne in humanitäre Projekte. Hauptziel von Viva von Agua ist es also nicht, möglichst viel Geld zu verdienen, sondern Menschen zu helfen. Es ist ein Unternehmen, das auf soziale Verantwortung setzt und sich nicht nur um den Profit kümmert, sondern auch darum, Gutes zu tun.

Ein Social Business ist also wie eine Mischung aus einem gewöhnlichen Unternehmen und einer Wohltätigkeitsorganisation. Es will Geld verdienen, aber dieses Geld wird für soziale Zwecke eingesetzt, um die Welt zu einem besseren Ort zu machen. Im Unterschied zu Non-Profit-Organisationen, die hauptsächlich durch Spenden finanziert werden, folgt ein Social Business herkömmlichen wirtschaftlichen Prinzipien und ist in der Lage, Gewinne zu generieren.

Christian Vollmann schreibt darüber im Buch *Zukunftsrepublik,* dass soziales Unternehmertum ein immer größerer Trend wird, denn »ohne dieses unternehmerische Engagement werden wir den massiven gesellschaftlich-sozialen und ökologischen Herausforderungen in Zukunft nicht begegnen können«.[8]

Auch geht der Trend immer mehr zu Unternehmen, die zwar kein klassisches Social Business sind, aber trotzdem einen Impact auf unsere Gesellschaft haben (wollen). Zum Beispiel hat Tesla durch seinen Erfolg zahlreiche Automobilhersteller dazu bewegt, sich dem Thema Elektromobilität zuzuwenden. Auch wenn viele aus guten Gründen keine Tesla-Fans sind, geht diese Entwicklung, auf unsere Umwelt zu achten, doch in eine gute Richtung. Andere Unternehmen stellen Produkte aus recycelten Materialien her oder verzichten bei der Herstellung von Kosmetik auf Mikroplastik. Unternehmertum ja, aber nicht mehr ohne Rücksicht auf Mensch und Umwelt.

Auch ein gutes Beispiel hierfür ist das Unternehmen Unilever, das nicht mehr nur auf die Finanzen achtet, sondern auch gesellschaftliche Ziele verfolgt. Maßgeblich für diese Entwicklung war der ehemalige Unilever CEO Paul Polmann, der nach seinem Amtsantritt 2009 den »Unilever Sustainable Living Plan« ins Leben rief. Die Firma reduzierte den Wasserverbrauch um knapp 50 %, den CO_2-Ausstoß in der Produktion um knapp 65 % und bestätigt mittlerweile einen Frauenanteil in Führungspositionen von über 50 %. Zehn Jahre später verließ Polmann das Unternehmen mit einem verdoppelten Aktienpreis.[9]

Du merkst, soziales Engagement mithilfe von Unternehmertum wird immer wichtiger. Ein zusätzliches Plus: Es begeistert auch potenzielle Bewerber*innen und motiviert sie, in das Unternehmen einzutreten.

Dein eigener Weg zu New Work

Die Vorteile von menschlichen Beziehungen und sozialer Verantwortung hast du hier schwarz auf weiß. Jetzt heißt es loslegen und die folgenden Fragen beantworten:

1. Welche Art von menschlichem Kontakt wünschst du dir bei der Arbeit?
2. Welche sozialen Projekte könntet ihr mit eurem Unternehmen unterstützen?
3. Was hindert dich aktuell daran, New Work umzusetzen?

Hast du diese Fragen beantwortet, hast du schon einiges an Inner Work geleistet und kannst auch dein Unternehmen dabei unterstützen, die Basis für New Work zu bereiten.

NEUE KULTUR UND NEUE WERTE

»NUR DIE HARTEN KOMMEN IN DEN GARTEN.«

Wie oft habe ich diesen Satz schon gehört! Und jedes Mal habe ich mir gedacht, dass ich Härte zeigen muss, um gute Arbeit zu leisten. Doch braucht es wirklich Härte, oder dürfen wir uns auch menschlich geben?

Die Zukunft der Arbeit setzt Innovation und neues Denken voraus. Jede einzelne Person ist wichtig, unser Mindset essenziell und die neue Art der Zusammenarbeit entscheidend. Und wenn sich das Denken jeder einzelnen Person verändert, verändern sich auch Kulturen.

Um diese Entwicklung bestmöglich zu verdeutlichen, habe ich Expert*innen in meinen Podcast eingeladen, die sich mit neuen Unternehmen und Unternehmenskulturen auskennen und dir anhand von Beispielen erklären, was dafür wichtig ist.

Corporate Culture: Mitarbeitende zu Fans machen

Falls du noch nie etwas von Corporate Culture gehört hast, hier zunächst die Definition von Personio, einer HR-Software, die ich sehr passend finde: »Eine Unternehmenskultur basiert auf einem System geteilter Werte, […] die Einfluss darauf haben, wie [Teilnehmende] innerhalb einer Organisation Entscheidungen treffen, wie sie handeln und fühlen.«[1]

Es geht in Unternehmen also nicht mehr nur darum, messbare Erfolge zu erzielen. Vielmehr sollen die Verantwortlichen einen Ort schaffen, dem sich die Menschen zugehörig fühlen, der ihnen eine Handlungsrichtung aufzeigt und dessen Werte mit ihren eigenen übereinstimmt.

Heute wünschen sich Mitarbeitende konstant mehr Informationen und Mitsprache im Unternehmen, und das sollte durch offene Kommunikation gefördert werden. Außerdem wird es immer wichtiger, Aufgaben zu delegieren und die Mitarbeitenden zu empowern, eigene Entscheidungen zu treffen.

Eine positive Unternehmenskultur sorgt dafür, dass Mitarbeitende sich wohlfühlen, ihrer Arbeit gerne nachgehen und das Gefühl bekommen, einen Beitrag zu leisten.

»Unternehmenskultur ist heute und in Zukunft [...] essenziell im Anwerben und Halten von jungen Talenten«[2], schreibt das Zukunftsinstitut. Ausklammern würde ich hier allerdings das Wort »jung«, denn es geht nicht nur um das Erreichen von jungen Menschen. Auch Menschen, die schon länger in Unternehmen sind, müssen mit einbezogen werden und die Unternehmenswerte an neuere Mitarbeitende weitergeben.

Ein Beispiel, wie das gelingen kann, liefert Simone Carstens. Sie ist Geschäftsführerin Operatives Geschäft & Finanzen (COO|CFO) bei der Telekom und setzt sich dort sehr stark für eine Kultur des Miteinanders ein.

Mich begeistert ihre Art, zu führen, zu denken und Dinge neu anzugehen. Simone hat selbst erlebt, wie wichtig es ist, unterstützt zu werden, als sie einen neuen Job antrat, während sie schwanger war. Ihre damalige Chefin unterstützte sie so sehr, dass Simone nach ihrer zweiten Schwangerschaft sogar Geschäftsführerin für Finanzen wurde.

Laut Simone sollten alle Menschen die gleichen Chancen haben, also geht sie als Führungskraft mit gutem Beispiel voran und erschafft ebenjenen Arbeitsplatz, an dem alle Mitarbeitenden die gleiche Wertschätzung erhalten. Bspw. hat Simone am ersten Arbeitstag allen Mitarbeitenden ihres Bereichs ihre Kontaktdaten inkl. privater Handynummer gegeben und ihnen verdeutlicht, dass sie sich jederzeit bei ihr melden können. Am Anfang führte das bei einigen zu Verwirrung, aber mittlerweile wird die Option gerne für den Ideenaustausch genutzt, was wiederum für eine enge Bindung sorgt. Simone ist es wichtig, dass nicht nur die Kund*innen zu Fans werden, sondern im ersten Schritt die Mitarbeitenden das Unternehmen feiern.

Mit dieser Ansicht ist Simone bei der Telekom offensichtlich nicht allein. Du erinnerst dich an die Einleitung und daran, dass ich früher als Eventregisseurin gearbeitet habe? Viele Jahre habe ich bei meinem damaligen Arbeitgeber M.Regie die Events der Telekom betreut und bei diesen Gelegenheiten ebenfalls diesen Spirit gespürt, der wirklich bei dem Großteil der Mitarbeitenden verankert zu sein scheint. Mein oftmals genanntes Best Practice für eine gute Unternehmenskultur ist daher die Telekom.

Konkrete **Tipps** von Simone: Fach- und Führungskräfte sollen sich

- die Vorteile von gelebter Diversität bewusst machen,
- der zunehmenden Forderung nach mehr Flexibilität gerecht werden,
- Prozesse agiler gestalten und
- auch kleine Dinge verändern, die große Auswirkungen haben.

Vor allem aber sollen sie als Führungskraft Vorbild sein. Denn »lead by example«, wie es auch genannt wird, hat oftmals mehr Einfluss als Worte.

Oder wie ein alter Spruch besagt:

»TATEN SAGEN MEHR ALS TAUSEND WORTE.«

Wichtig zu wissen: Unternehmenskulturen fallen unterschiedlich aus. Mögliche Punkte, die die Kultur beeinflussen, sind die Zugehörigkeitsdauer der Mitarbeitenden, die Altersstruktur und die Unternehmensgröße.

Jetzt kennst du ein Beispiel für eine positive Unternehmenskultur im großen Unternehmen. Doch wie sieht es mit den kleineren Unternehmen aus? Kann jedes Unternehmen eine positive Kultur aufbauen? Die Antwort lautet ganz klar: Ja. Mehr noch, tatsächlich können sich die Großen noch viel von den Kleinen abschauen.

Start-up Culture: Wie kleine Unternehmen große zur Veränderung drängen

Ich habe in meiner Karriere schon viele Start-ups kennengelernt und mich mit den Gründer*innen ausgetauscht. Was mich immer begeistert: Sie bringen ihren Mitarbeitenden enorm viel Vertrauen und Offenheit entgegen, denn der Fokus liegt vielmehr auf dem Ergebnis als auf der Arbeitszeit. Daher sind flexible Arbeitszeiten und die Möglichkeit, remote zu arbeiten, in Start-ups oft kein Problem.

Was das Arbeiten in kleineren Unternehmen für viele Beschäftigte so attraktiv macht, ist die schnelle Umsetzbarkeit von Ideen. So gab es in einem Start-up, das ich kenne, bspw. erstmalig den Wunsch eines Mitarbeiters, ein halbes Jahr im Ausland zu arbeiten. Das wurde im Team und in der Geschäftsführung besprochen, und nachdem man geklärt hatte, was dazu nötig war, konnte der Wunsch des Mitarbeiters erfüllt werden. Die Vorbereitungen gingen los, und ein paar Wochen später war er im Ausland.

In einem großen Unternehmen, das diesen Fall noch nie hatte, wären die Abstimmungsprozesse durch die starren Hierarchien langwieriger und bürokratischer. Die HR-Abteilung würde miteinbezogen, und es müssten Formulare für solche Prozesse entwickelt werden. Außerdem müsste man mit Anwält*innen abstimmen, welche rechtlichen Rahmenbedingungen für das Arbeiten im Ausland gelten.

Vielleicht denkst du jetzt, dass solche Prozesse in großen Unternehmen schon längst etabliert sind. Doch hier habe ich ein Beispiel, das deutlich zeigt, dass das nicht so ist:

Aufgrund des Fachkräftemangels ist es oft schwer, in der eigenen Region neue Mitarbeitende zu finden; Remote Work ist also unumgänglich. Doch wie bereits erwähnt, ist es besser für die Unternehmenskultur, wenn man sich regelmäßig gemeinsam an einem Ort trifft. Allerdings wollte die Firma in diesem Beispiel die Kosten für die Anreise zu Vor-Ort-Treffen nicht tragen, mit der Begründung, dass der Treffpunkt ja der vertraglich geregelte Dienstsitz sei.

Und was glaubst du? Reden wir hier von einem Start-up oder einem großen Unternehmen?

Richtig, von einem sehr bekannten und großen deutschen Unternehmen, das offenbar immer noch nicht verstanden hat, wie wichtig eine positive Unternehmenskultur ist. Und ich hoffe sehr, dass sich dort in Zukunft etwas verändert. Vielleicht könnten sich die Verantwortlichen in diesen Punkten etwas von Start-ups abschauen.

Denn viele Start-ups haben früh erkannt, dass Benefits, also Mitarbeitendenvorteile, wie Gesundheitsvorsorgeprogramme und Sportangebote, und Weiterentwicklung durch regelmäßige Schulungen und Weiterbildungen wichtig für ihre Mitarbeitenden sind. Sie legen viel Wert darauf, dass sich ihre Mitarbeitenden dem Unternehmen zugehörig und verbunden fühlen. Auf der anderen Seite können kleine Firmen oft weniger Gehalt zahlen als große Unternehmen und erwarten, besonders im Wachstumsprozess, auch mal die ein oder andere unbezahlte Überstunde.

Alles in allem können sich mittelständische Konzerne von Start-ups vor allem Innovation und den Mut zum Risiko abschauen. Kleinunternehmen sind oft flexibler, passen sich Veränderungen auf dem Markt schneller an und probieren auch einfach mal unkonventionelle Ideen aus, um wettbewerbsfähig zu bleiben.

New Leadership: So geht Führung

Im Kapitel über die Corporate Culture hast du gelesen, dass Führungskräfte Vorbilder sind. Doch Leitungspositionen bringen heute andere Herausforderungen mit sich als noch vor ein paar Jahren. Neue Kulturen und neue Werte setzen auch eine neue Art von Führung voraus. Führungskräfte vermitteln die Werte des Unternehmens an ihre Teams und sollen inspirieren.

Führung ist ein zentraler Faktor, wenn es darum geht, bei der Arbeit ein Gefühl von Sicherheit zu empfinden. Wie viel Sicherheit jemand braucht, ist allerdings individuell verschieden – deshalb gibt es im New-Work-Kontext auch nicht den einen Führungsstil. Stattdessen müssen Teams selbst erarbeiten, welche Art der Führung sie als Individuen und als Gruppe bevorzugen.

Was versteht man unter guter Führung?

Eine erste Idee davon, was man unter guter Führung versteht, bekommst du durch die Ergebnisse vom Google-»Aristoteles Projekt«. Google hat erforscht, was Teams erfolgreich macht, und dabei fünf Faktoren ermittelt, die offenbar entscheidend sind, wenn es um das Erreichen von Höchstleistungen geht:

- Verlässlichkeit
- Struktur und Klarheit
- Sinnhaftigkeit
- Wirksamkeit
- Psychologische Sicherheit.[3]

All das sind Punkte, auf die Führungskräfte in jeder Branche achten können, sofern sie sich mit den Bedürfnissen ihrer Mitarbeitenden auseinandersetzen und in den direkten Austausch gehen. Dabei gibt es verschiedene Führungsstile. Von »patriarchalisch« über »bürokratisch« bis hin zu »Laissez-faire« ist vieles dabei, und ich finde nicht, dass Menschen in Leitungsposition sich eine bestimmte Art der Führung antrainieren sollten, nur weil sie aktuell gefragt ist. Viel wichtiger ist die richtige Kommunikation untereinander. Wertschätzend, fair, verständnisvoll, gewaltfrei und zielorientiert sollte sie sein. Diese Art von Führung wird als New Leadership bezeichnet.

Das beste Beispiel für einen schlechten Führungsstil habe ich erst kürzlich gehört: Eine Freundin berichtete, dass ihr Chef sie für einen Fehler bestraft hat, indem er ihr fünfzig Euro vom Gehalt abzog – einen Betrag, der keinem von beiden finanziell wehtat, aber auch nichts änderte. Abgesehen davon, dass ein solches Vorgehen unrechtmäßig ist, hätte ihr Chef lieber mit ihr über den Fehler sprechen und gemeinsam eine Lösung erarbeiten sollen, damit so etwas nicht mehr vorkommt.

Wir sprechen im New-Work-Kontext auch von einer offenen Fehlerkultur, die es erlaubt, Fehler zu machen, über sie zu sprechen und gemeinsam Lösungen zu finden. Denn den Spruch kennst du bestimmt auch:

»AUS FEHLERN LERNT MAN.«

Diskrepanz in der Wahrnehmung

Woran du ebenfalls merkst, dass New Leadership dringend benötigt wird, ist die Diskrepanz zwischen Eigen- und Fremdwahrnehmung der Führungskräfte. Laut einer Umfrage der Süddeutschen Zeitung glauben 97 % der Führungskräfte, dass sie gut führen, aber nur 17 % der Mitarbeitenden bestätigen eine gute Führung. Wenn es um die Gesundheit am Arbeitsplatz geht, sagen Führungskräfte, dass es 84 % der Mitarbeitenden mental gut geht, aber nur 59 % der Mitarbeitenden behaupten das von sich. Noch ein anderes Beispiel: Nur 56 % der Mitarbeitenden glauben, dass ihren Führungskräften das Wohlergehen der Belegschaft am Herzen liegt. 91 % der Führungskräfte hingegen denken, dass ihre Leute wissen, dass ihnen das Wohlergehen der Mitarbeitenden wichtig ist.[4]

Die Führungskräfte der Zukunft

Die wichtigste Aufgabe von Menschen in Leitungspositionen wird also künftig sein, sich auf die Mitarbeitenden zu fokussieren. Mithilfe von gemeinsamen Maßnahmen werden sie dafür sorgen, dass das Wohlbefinden der Mitarbeitenden auf einem hohen Level liegt, damit sie sich dem Unternehmen verbunden fühlen und somit produktiv sind.

Hört sich nach viel Arbeit an, und tatsächlich kann diese Umstellung viele langjährige Führungskräfte vor Herausforderungen stellen. Denn waren Vorgesetzte früher »nur« für das bestmögliche Ergebnis ihrer Beschäftigten zuständig, verantworten sie heute zusätzlich das Wohlbefinden und die Bindung der Mitarbeitenden.

Die gute Nachricht ist, dass junge Führungskräfte diese Dinge häufig instinktiv richtig machen. Laut einer Deloitte-Studie fokussieren sich Führungskräfte, die der Generation Z oder der Generation Y angehören, viel mehr auf mentale Benefits und gehen als Vorbilder in Bezug auf ihre Pausen, Arbeitsausgleich und auch -weise voran.[5]

Hier ist ein Beispiel, wie ich es als Führungskraft handhabe: Innerhalb weniger Wochen wurde eine meiner Mitarbeiterinnen gleich mehrfach krank und konnte deshalb ihrer Arbeit mit unseren Kund*innen nicht wie geplant nachgehen. Also übernahm ich ihre Termine, oder wir verschoben sie. Als sie sich ein paar Wochen später wieder bei mir meldete, um mir mitzuteilen, dass sie krankgeschrieben sei, aber die Termine eine Woche später übernehmen könne, entzog ich ihr sofort alle Aufträge, die an diesem Tag noch anfielen. Nicht weil sie so häufig krank war, sondern weil ich mich in der Verantwortung sah, ihre Gesundheit zu schützen. Ich übernahm auf unbestimmte Zeit all ihre Termine und kommunizierte das auch den Kund*innen, sodass sich meine Mitarbeiterin ganz auf ihre Genesung konzentrieren konnte.

Meiner Meinung nach hat eine Führungsperson die Verantwortung, auf die Mitarbeitenden aufzupassen und zu erkennen, wann die Arbeit zu viel wird. Es ist eine schöne Entwicklung, dass in der Arbeitswelt mehr und mehr ein positives Miteinander vorherrscht, was maßgeblich durch gute Führung beeinflusst wird.

Diversity, Equity and Inclusion: Mehr als nur Migrationshintergrund

Unsere Welt lebt von Vielfalt. Von vielfältigen Ansichten, Kulturen und Prägungen. Immer mehr verschwimmen diese Unterschiede, und das führt zu mehr Erfolg. Unternehmen aus Deutschland adaptieren Geschäftsmodelle aus den USA. Unsere Sprache wandelt sich und wird inklusiver. Reichere Länder setzen sich für ärmere ein und mindern Armut und Hungersnot.

In unserer Arbeitswelt war es bisher so, dass die sogenannten »alten weißen Männer« an der Macht waren. Männer, die meist der Generation Babyboomer angehören, leiteten die großen deutschen Unternehmen. Und das tun sie immer noch. Schaut man sich heutzutage die DAX-Konzerne an, wie Volkswagen oder BMW, werden von den darin enthaltenen vierzig Konzernen neununddreißig von diesen besagten Männern geführt. Lediglich an der Spitze von Merck steht eine Frau.

Das könnte dir rein theoretisch egal sein, schließlich betrifft es dich vermutlich nicht direkt. Doch was dich durchaus etwas angeht, ist die fehlende weibliche Person in deinem Unternehmen, die fehlende Person mit Migrationshintergrund, die fehlende junge Person oder die fehlende queere Person, die eine Führungsrolle innehat. Denn wie ich im vorherigen Kapitel bereits beschrieben habe:

Führungspersonen sind Vorbilder, die für uns vorangehen und Türen öffnen.

Und genauso, wie die Person in deinem Unternehmen eine Vorbildfunktion einnimmt, tun dies auch die DAX-Konzerne für alle Unternehmen in Deutschland.

Viele Menschen legen immer mehr Wert auf Diversity, Equity and Inclusion (DEI). Dabei werden Menschen unterschiedlicher Hintergründe und Identitäten in einem Unternehmen respektiert, gleichbehandelt und aktiv in die Gemeinschaft integriert. Und ich möchte betonen, dass dies nicht nur ein Synonym für mehr Frauen oder mehr Menschen mit Migrationshintergrund ist. DEI bezieht sich auf alle Unterschiede zwischen Menschen, wie zum Beispiel ethnische Zugehörigkeit, Geschlecht, Alter, sexuelle Orientierung, Religion, Behinderung, Bildungsstand, kulturellen Hintergrund und Arbeitsstil.

Vielfältige Teams erzielen oft bessere Ergebnisse.

Laut einer weltweiten Untersuchung von McKinsey treffen diverse Teams nicht nur bessere und klügere Entscheidungen, sondern sie sind auch in wirtschaftlicher Hinsicht erfolgreicher.[6]

»Ein Unternehmen, das sich nicht mit dem Thema Diversität auseinandersetzt, hat einen ganz klaren Wettbewerbsnachteil«, sagt Simone Carstens.

Und das ist logisch: Wenn Mitarbeitende ähnliche Erfahrungen gesammelt haben, in einer ähnlichen Umgebung groß geworden sind und denselben beruflichen Werdegang hinter sich haben, verfolgen sie vermutlich auch ähnliche Problemlösungsstrategien. Wenn hingegen verschiedene Menschen mit unterschiedlichen Hintergründen und Erfahrungen zusammenarbeiten, können sie kreativere Lösungen finden und unterschiedliche Perspektiven einbringen. Auf diese Weise werden Unternehmen innovativer und wettbewerbsfähiger, aber es geht auch gerechter zu, sodass die Mitarbeitenden die gleichen Möglichkeiten haben, erfolgreich zu sein.

In den letzten Jahren hat sich in Deutschland im Hinblick auf Diversität einiges verbessert. Mit kleinen Schritten bewegt sich unsere Wirtschaft in die richtige Richtung, doch es bleibt immer noch viel zu tun.

Diversität der Altersstruktur

Einen Aspekt, den ich mit QUINGS vorantreibe, ist die Diversität hinsichtlich der Altersstrukturen in Unternehmen. Aktuell fokussieren sich deutsche Unternehmen sehr stark auf die Generation Z (1995–2010), doch das allein reicht nicht. Die aufstrebenden Führungskräfte, die schon unsere Vorbilder sind oder noch werden, gehören der Generation X (1965–1979) und meiner Generation, der Generation Y (1980–1994), an. Fördert man sie nicht und geht nicht auf ihre Wünsche und Vorstellungen ein, führt das dazu, dass sie sich nicht an ihr Unternehmen gebunden fühlen, woraus wiederum Personalmangel entstehen kann.

Positive Beispiele für Unternehmen, in denen der Vorteil der sogenannten Generationenarbeit bereits erkannt wurde, sind ERGO, REWE und die Deutsche Bahn. Bei der Deutschen Bahn scheidet etwa die Hälfte der Mitarbeitenden altersbedingt in den nächsten Jahren aus, weswegen sie jährlich ca. zwanzigtausend neue Mitarbeitende benötigen. In diesem Zusammenhang wurde die Konzerninitiative »Einziganders« ins Leben gerufen, um die Vielfalt der Mitarbeitenden in Bezug auf Perspektiven, Werte, Kompetenzen und Berufserfahrung zu fördern und Vorurteile und Diskriminierung aufgrund des Alters abzubauen.[7]

Bei ERGO hat man erkannt, dass die Altersunterschiede in der Arbeitswelt immer größer werden, da junge Menschen früher arbeiten und ältere Menschen länger im Beruf bleiben. Deshalb legt man Wert darauf, dass Mitarbeitende in verschiedenen Lebensphasen die Flexibilität haben, ihr Arbeitspensum anzupassen, und fördert den Wissensaustausch zwischen den Generationen.[8]

Bei REWE wiederum setzt man sich für Lifelong Learning (dazu kommen wir später) ein und setzt den Fokus darauf, die letzten Berufsjahre und den Übergang in den Ruhestand aktiv und individuell zu gestalten. REWE möchte Vorurteile abbauen, die mit dem Altern in Verbindung stehen, und betont immer wieder, dass die Erfahrung und das Wissen der älteren Mitarbeitenden für das Unternehmen von großer Bedeutung sind.[9]

Geschlechterdiversität

Auch im Hinblick auf Frauen in Führungspositionen müssen einige Unternehmen ihre Strukturen verändern. Eine Person, die sich stark dafür einsetzt, ist Verena Pausder. Sie ist Unternehmerin, Investorin, Autorin, Podcasterin und war zu einer ganz besonderen Aufnahme bei »New Work Now« zu Gast. Am 12.10.2023 feierte ich mit achtzig Gäst*innen in Hamburg den ersten Geburtstag meines Podcasts. Mit dabei war Verena Pausder als meine Gästin für einen Live-Podcast. Verena setzt sich schon seit langer Zeit für mehr Frauen in der Arbeitswelt ein und fördert Diversität in der deutschen Wirtschaft.

»Ich liebe es, Frauen in Führungspositionen zu sehen. Ich liebe es, wenn Frauen Unternehmen gründen. Ich arbeite so gerne mit Frauen zusammen, und Gleichberechtigung heißt, dass Männer und Frauen die gleichen Chancen haben. Männer sind [...] unsere Allies, [...] ohne die das alles keinen Spaß machen würde. Aber dass wir so wenige Frauen in so vielen Positionen sind, macht auch keinen Spaß, und das würde ich gerne ändern«, sagt sie.

Du merkst, Diversität hat viele Facetten, und doch geht es im Kern immer um einen Aspekt: den Mensch Mensch sein lassen und die Individualität fördern.

Erinnerst du dich an meinen Appell, offen durch die Welt zu gehen? Neuen Sichtweisen, Menschen mit anderer Orientierung oder Herkunft, aber auch den Mitgliedern einer anderen Generationen offen gegenüberzutreten, beschleunigt die Entstehung von Diversität. Diese Vielfalt bereichert auch die Arbeitswelt. Wenn unterschiedliche

Perspektiven und Erfahrungen zusammenkommen, um kreative Lösungen zu entwickeln und Innovation zu fördern, vermittelt das ein Gefühl von Sinnhaftigkeit bei der Arbeit. Und um jene Sinnhaftigkeit bei der Arbeit geht es auch im nächsten Kapitel.

Sinn-Ökonomie: Auf der Suche nach Bedeutung in der Arbeit

Was ist der Sinn des Lebens? Diese Frage hast du dir vielleicht auch schon einmal gestellt, doch eine Antwort darauf zu finden, ist gar nicht so einfach. Mit der Frage nach dem Sinn unserer Arbeit verhält es sich nicht so viel anders.

Ich persönlich habe mich im Jahr 2022 gezielt mit dem Sinn meiner Arbeit auseinandergesetzt und gemerkt, dass ich mehr möchte, als Menschen zu zeigen, wie sie Events durchführen oder ihre Social-Media-Auftritte verbessern. Ich wollte etwas zum Positiven verändern, das Konzept New Work bekannter machen und vorantreiben. Mittlerweile tue ich genau das: Mein Unternehmen unterstützt bei der Lösung des Fachkräftemangels, mein Podcast erklärt New Work und macht das Konzept bekannter, und meine Vorträge verändern Sichtweisen. Jetzt kommt noch dieses Buch hinzu, das all diese Aspekte in sich vereint.

Ebenso wie ich haben viele Menschen das Bedürfnis, etwas zu verändern. Doch was genau soll verändert werden? Was bedeuten diese Floskeln, dass man etwas verändert, einen Impact hat oder etwas besser machen möchte?

Laut dem Zukunftsinstitut »impliziert [die Sinn-Ökonomie] ein verändertes Verständnis von Fortschritt, bei dem das beste und nicht das neueste Produkt das wertvollste ist. Dabei definiert sich das beste Produkt [...] aus einer Kombination aus ökologischen, ökonomischen und ethischen Werten.«[10]

Es geht bei der Sinn-Ökonomie neben der eigenen Sinnfindung auch darum, mit den Produkten und Dienstleistungen einen gewissen Impact zu erzielen, weshalb die Unternehmenswerte eine immer größere Rolle spielen. Wichtig ist, sich und das eigene Unternehmen stetig zu hinterfragen und zu schauen, was die Arbeit zum Positiven verändern kann. Hat man das erst mal herausgefunden, geht die Arbeit gleich viel leichter von der Hand.

Eine Person, die ihren Sinn in der Arbeit gefunden hat, ist Michael Trautmann. Er ist Co-Founder und CGO von New Work Masterskills, Podcaster und Autor. 2022 schrieb das *Hamburger Abendblatt* in einem Artikel über ihn: »Trautmann suchte den Sinn in der eigenen Arbeit und fand das Thema New Work.«[11]

Michael spricht viel von intrinsischer Motivation, die ihm seine heutige Arbeit verschafft, sodass er nicht mehr so sehr auf die Bestätigung von außen angewiesen ist. In meinem Podcast war er gemeinsam mit seiner Mitgründerin Swantje Allmers zu Gast und hat gesagt, dass für die Sinnfindung im Job die Unternehmenskultur eine wichtige Rolle spielt: »[Wir können die] Kultur als den Spiegel einer Organisation sehen [und] wir sollten Kultur als eine Aufgabe nehmen, die man nicht einfach wegdelegiert, sondern die eindeutig beim CEO und dem Führungsteam liegt, und dafür gibt es wahnsinnig viele Anhaltspunkte.«

Aus meiner Perspektive ist der Sinn in der Arbeit für jede Person etwas anderes. Manche Menschen finden ihren Sinn in einer Branche, die für andere keine Sinnerfüllung bietet, und das ist nicht schlechter oder besser. Wichtig ist, sich bewusst zu machen, was zu mehr Erfüllung bei der Arbeit führt.

Mein **Tipp:** Teste für eine gewisse Zeit, was mit deiner Arbeitsleistung passiert, wenn du deinen Fokus auf die Tätigkeiten legst, die in dir Leidenschaft entfachen.

Zum Abschluss dieses Kapitels möchte ich dir Folgendes mit auf den Weg geben: Es gibt kein Patentrezept für das Entwickeln von Werten oder einer Unternehmenskultur, und es gibt auch keine einheitliche Antwort auf die Frage, wie du den Sinn in deiner Arbeit findest. Für jede*n von uns dürfen der Sinn und die Werte andere sein; wir dürfen uns ausprobieren und von anderen Menschen lernen, wie sie es machen.

Dein eigener Weg zu New Work

Um der für dich passenden Antwort ein Stück näher zu kommen, darfst du dir gerne die folgenden Fragen stellen:

1. Welche drei Werte sind dir bei der Arbeit am wichtigsten?
2. Welche Art der Führung hilft dir, das bestmögliche Ergebnis zu erzielen?
3. Welche Tätigkeiten entfachen in dir Leidenschaft?

Sehr schön, du hast deine Antworten gefunden. Vergleiche nun das Ergebnis mit den Werten, die in deinem Unternehmen gelebt werden. Passt hier etwas nicht zusammen, ist eine Veränderung notwendig.

LERNEN UND ENTWICKLUNG

»LEHRJAHRE SIND KEINE HERRENJAHRE.«

Wenn man dieser Redewendung Glauben schenken mag, lernen wir und begeben uns danach in unsere herrschaftliche Zeit. Dabei haben wir nie ausgelernt. Lebenslanges Lernen und die stetige Weiterentwicklung gehören zu unserer neuen Arbeit dazu.

Um sich auf die schnelle Entwicklung in unserer Arbeitswelt einzustellen, müssen wir uns immer wieder weiterbilden und neue Fähigkeiten entwickeln.

Das kannst du in Eigenregie tun, indem du selbst in deine Entwicklung investierst. Doch wenn deine Fortbildung etwas mit deinem Job zu tun hat, sollte das Unternehmen dafür bezahlen. Wird bei euch bspw. Künstliche Intelligenz eingeführt, können deine Vorgesetzten nicht erwarten, dass du dir in deiner Freizeit Infos dazu raussuchst, wie das neue Tool funktioniert. Vielmehr sollte das Unternehmen Schulungen anbieten, und zwar während der Arbeitszeit.

Doch auch wenn kein neues Tool eingeführt wird, ist es essenziell, sich weiterzubilden. Dem »Future of Jobs Report 2023« des World Economic Forum zufolge zählen zu den zukünftig wichtigsten Fähigkeiten weltweit:

- Analytisches Denken
- Kreatives Denken
- Resilienz & Flexibilität
- Motivation & Selbstbewusstsein
- Neugier & Lifelong Learning.[1]

In Deutschland, Österreich und der Schweiz sieht es laut einer LinkedIn-Studie ähnlich aus. Die wichtigsten Fähigkeiten im DACH-Raum sind:

- Englisch
- Management
- Projektmanagement
- Vertrieb
- Kommunikation.[2]

Der Fokus liegt demnach sowohl global als auch im deutschsprachigen Raum eher auf den Fähigkeiten, die für eine Zusammenarbeit wichtig sind, den sogenannten Soft Skills. Ich vergleiche sie gerne mit den Fähigkeiten, für die wir damals in der Schule mündliche Noten erhalten haben.

Aufgrund dieser Entwicklung sollten Führungskräfte in Bewerbungsprozessen den Fokus nicht nur auf die Fähigkeiten legen, die für die Position wichtig sind, sondern auch beachten, welche Fähigkeiten die Person noch benötigt, um ihren Job im Team mit anderen auszuüben. Das kann gelingen, indem man exemplarisch durchspielt, wie eine Situation im Arbeitsalltag ablaufen könnte, und dabei beobachtet, wie der/die Kandidat*in mit dieser Situation umgeht.

Wie man die Mitarbeitenden weiterbildet, wie man ihnen Zugang zu Wissen ermöglicht und auch Ressourcen zuteilt, erfährst du in diesem Kapitel.

Lifelong Learning: Weiterbildung als neue Währung

Laut dem World Economic Forum werden sich 44 % der Kernkompetenzen, die Arbeitnehmende für die Ausübung ihrer beruflichen Tätigkeit brauchen, im Laufe der nächsten fünf Jahre aufgrund neuer Technologien und Anforderungsprofile verändern.[3] Das bedeutet, wir müssen uns diese Fähigkeiten aneignen, uns fachlich weiterbilden und unsere Kenntnisse erweitern, um auf dem Arbeitsmarkt bestehen zu können.

Vielleicht lernst du neben deinem Job gerne eine neue Sprache, einen neuen Tanzstil oder ein neues Instrument. Aber bildest du dich neben deiner Arbeit auch in deinem Job weiter, liest ein Buch zu einer beruflichen Thematik oder investierst sogar finanziell in deine berufliche Weiterbildung? Vermutlich tun das die wenigsten, schließlich hat man bereits den Großteil seines Tages mit der Arbeit verbracht, sodass man sich nicht auch noch in seiner Freizeit damit auseinandersetzen möchte.

Das ist absolut verständlich – und trotzdem müssen wir unsere Fähigkeiten weiterentwickeln. Und hier kommt der Begriff des Lifelong Learning ins Spiel. Lebenslanges Lernen wird in unserer schnelllebigen Welt immer wichtiger, also darf und sollte es auch von den Arbeitgebenden unterstützt werden. Einen Kurs über New Leadership während der Arbeitszeit besuchen, einen Workshop zu Künstlicher Intelligenz vom Unternehmen angeboten bekommen und in andere Abteilungen hineinschnuppern können – das alles sind Angebote, die Arbeitgebende machen können, um sicherzustellen, dass ihre Mitarbeitenden auf dem neuesten Stand sind. Gleichzeitig fördern solche Maßnahmen das Gefühl der Verbundenheit mit dem Unternehmen.

Ein Beispiel dafür ist Gaby Wasensteiner. Sie ist Senior Brand Managerin bei LinkedIn und hat als Quereinsteigerin im Marketing angefangen. Sie hat sich ihr Leben lang weitergebildet und einige Erfahrungen in verschiedenen Branchen gesammelt, bevor sie es dorthin geschafft hat, wo sie heute ist. LinkedIn war offen dafür. Es wurde nicht starr ein Lebenslauf mit Erfahrungen im Marketing vorausgesetzt, sondern vielmehr auf die Fähigkeiten geachtet, die Gaby mitbringt. Auf meine Frage, was sie als

Vorteil erachtet, wenn Unternehmen Quereinsteiger*innen einstellen, antwortete sie: »Wenn man sich bei Recruiting auf Skills fokussiert, [...] hat man dadurch direkt einen größeren Talentpool mit viel mehr potenziellen Kandidat*innen. So kann das Unternehmen agiler und diverser werden und durch die unterschiedlichen Perspektiven mehr Innovation entstehen lassen.«

Auch ich habe keinen klassischen Werdegang hinter mir, sondern vieles ausprobiert und bin durch Umwege dort gelandet, wo ich heute bin. Wenn Menschen heute im New-Work-Bereich arbeiten wollen, empfiehlt man ihnen womöglich ein Studium der Wirtschaftspsychologie und schickt sie danach in eine HR-Abteilung, wo sie als Changemanager*innen New-Work-Prozesse etablieren sollen. Ich hingegen komme ursprünglich aus der Eventbranche, habe einen Bachelor-Studiengang Media & Communication Management absolviert, als Eventregisseurin für international tätige Konzerne gearbeitet, meinen Master in International Marketing & Media Management gemacht, als Dozentin Live Communication & Social Media Marketing unterrichtet und bin nun im Bereich New Work tätig. Hätte ich mich neben meinen damaligen Tätigkeiten in der Event- und Social-Media-Branche nicht weitergebildet, wüsste ich heute nicht, was alles hinter dem New-Work-Konzept steckt, und ganz sicher würde ich dieses Buch nicht schreiben.

Ein großer Vorteil von Lifelong Learning ist das sogenannte Employee Reskilling. Beim Reskilling handelt es sich um einen Prozess, bei dem Mitarbeitende neue Fähigkeiten erlernen, um innerhalb der Organisation in eine andere Arbeitsrolle zu wechseln. Stellen müssen so nicht von externen Arbeitskräften besetzt werden, was für das Unternehmen vorteilhafter ist, denn neue Mitarbeitende zu finden, kann schnell doppelt bis dreifach so teuer sein, wie erfahrene Kolleg*innen zu halten.

Wenn dein Unternehmen also das nächste Mal eine neue Stelle ausschreibt, denkt zuerst an eure Mitarbeitenden und fragt sie, ob sie die dafür benötigten neuen Fähigkeiten erlernen möchten. So spart ihr Geld und sorgt nebenbei auch für eine höhere Zufriedenheit unter den Mitarbeitenden.

Mein **Tipp** zum Thema Weiterbildung: Trickse dich aus. Manchmal hat man keine Lust, sich weiterzubilden oder sich in ein Thema einzuarbeiten. Ich kenne das. Manchmal hatte auch ich keine Lust, eine weitere Seite dieses Buchs zu verfassen. Doch es musste fertig werden, und das konnte niemand außer mir erledigen. Also habe ich mich ausgetrickst, indem ich fünfundzwanzig Minuten recherchiert und geschrieben habe, um dann fünfzehn Minuten eine Serie zu schauen. Danach wieder fünfundzwanzig Minuten recherchieren und schreiben – und so weiter.

Wichtig für dich: Es muss nicht immer etwas großes Neues sein, in dem man sich weiterbildet.

Wir dürfen auch mit kleinen Schritten anfangen und jeden Tag nur fünfzehn Minuten etwas lernen. Wichtig ist, sich eine gewisse Neugier zu bewahren, den Wunsch zu lernen zu verfolgen und auch Angebote von Arbeitgebenden wahrzunehmen.

Denn wir sind alle erwachsen und brauchen keine Babysitter*innen oder Lehrer*innen, die uns sagen, dass wir uns weiterbilden sollen. Das müssen wir schon selbst tun.

Open Knowledge: Freier Zugang zu Wissen

Weiterbildung schön und gut, doch nicht alle Menschen haben die besten Voraussetzungen, um Bildung zu genießen. Manchen fehlt es beispielsweise an den finanziellen Mitteln, eine Umschulung zu finanzieren oder sich in einem neuen Feld weiterzubilden. Wird dies nicht vom Staat oder Unternehmen bereitgestellt, bleibt die Möglichkeit, einen neuen Job anzutreten, oft verwehrt.

Um dem entgegenzuwirken, entstehen Open-Knowledge-Projekte, bei denen Wissen frei zur Verfügung steht. Das bekannteste Beispiel hierfür ist Wikipedia: Alle Inhalte sind unter einer offenen Lizenz verfügbar, und sämtliche Nutzer*innen haben die Freiheit, diese Inhalte zu verwenden, ohne um Erlaubnis bitten zu müssen oder Lizenzgebühren zu bezahlen. Zitiert man aus Wikipedia, muss man lediglich die Quelle angeben.[4]

In unserer Gesellschaft, in der wir von Informationen überhäuft werden und nicht immer klar ist, welche wahr und welche falsch sind, wird es immer wichtiger, den Zugang zu seriösen Informationsquellen und -ressourcen zu erleichtern. Forschungsergebnisse, Daten, Software, technologische Fortschritte ... Open-Knowledge-Lösungen bieten genau das.

In Zukunft kann Open Knowledge im beruflichen Kontext auf verschiedene Weise helfen, zum Beispiel, wenn nach neuen Ideen und Lösungen gesucht wird. Wenn du Fragen oder Probleme hast, steht es dir frei, auf offene Wissensquellen zuzugreifen, wie beispielsweise Online-Plattformen, auf denen Menschen ihr Wissen teilen. Dort findest du Antworten auf deine Fragen und lernst aus den Erfahrungen, die andere gemacht haben. Außerdem ermöglicht Open Knowledge den Zugriff auf Ideen und Erkenntnisse aus verschiedenen Bereichen. Wenn unterschiedliche Ansichten und Lösungsansätze kombiniert werden, führt das zu innovativen Wegen, Herausforderungen anzugehen. Auch die Zusammenarbeit mit anderen Unternehmen, Expert*innen und Communitys wird erleichtert. Du kannst Informationen und Ressourcen teilen, gemeinsam an Projekten arbeiten und von unterschiedlichen Perspektiven profitieren.

Zusammengefasst kann Open Knowledge in der Arbeitswelt wie eine Schatzkiste voller Ideen, Informationen und Ressourcen sein, die dir und deinem Unternehmen helfen, besser, kreativer und effizienter zu arbeiten. Es fördert den Wissensaustausch und die Zusammenarbeit und führt in der Folge häufig zu besseren Ergebnissen.

Mentoring: Wir können alle voneinander lernen

Um sich weiterzubilden, braucht es nicht nur Weiterbildungsmöglichkeiten, sondern auch Menschen, die einen dazu inspirieren, Neues auszuprobieren und zu lernen. Die sogenannten Mentor*innen bringen anderen Menschen, die als Mentees bezeichnet werden, Dinge bei. Von Soft Skills über Ratschläge bis hin zu fachlichem Know-how kann alles dabei sein.

Es gibt Angebote, die einem dabei helfen, die passenden Mentor*innen zu finden, und später beim Austausch unterstützen. Auch ich bin seit etwas über einem Jahr Mentorin einer Berufseinsteigerin, die ich auf ihrem Weg begleiten darf. Zu Beginn haben wir uns fast wöchentlich ausgetauscht, und mittlerweile hören wir uns alle paar Monate.

Der Vorteil für sie ist, dass sie von meinen Erfahrungen profitiert. Ich kann ihr Ratschläge geben, sie erhält eine erfahrenere Perspektive aus einer ähnlichen Branche, und ich kann ihr durch mein Netzwerk die ein oder andere Tür öffnen. Der Vorteil für mich ist, dass mich ihr Tun inspiriert und ich mich selbst und meine Handlungen reflektiere. Und natürlich eröffnet sich auch mir eine neue Perspektive. Damit eine solche Win-win-Situation entsteht, ist es wichtig, die passenden Personen für das jeweilige Thema zusammenzubringen.

Du kennst das sicher von dir selbst: Du fragst deine Familie und Freund*innen zu einem Thema um Rat, das nicht in ihren Fachbereich fällt, und sie geben dir einen Tipp, der vermutlich wenig erfahrungs- oder faktenbasiert ist. Daher ist es wichtig, in solchen Fragen die Personen um Rat zu bitten, die sich in dieser Situation auskennen. Ich persönlich frage zu unterschiedlichen Themen auch unterschiedliche Personen. Geht es um etwas Berufliches, sind es oft Menschen, die du aus diesem Buch kennst. Geht es um etwas Privates, sind es meist mein Mann, Freund*innen oder Familienmitglieder.

Für Unternehmen ist Mentoring wichtig, um den Wissensaustausch zwischen erfahrenen und neuen Mitarbeitenden zu ermöglichen.

Das wird besonders gelten, wenn die Babyboomer in den nächsten Jahren in den Ruhestand gehen. Mentoringprogramme tragen dazu bei, Talente im Unternehmen bei ihrer Entwicklung zu unterstützen. Das erhöht die empfundene Wertschätzung der Mentees.

Außerdem können Unternehmen gezielt Mentoringprogramme für Frauen, ethnische Minderheiten und andere Diversitätsgruppen einrichten, um Chancengleichheit zu gewährleisten, und so Diversity, Equity und Inclusion fördern. Auch Nachwuchsführungskräfte können durch Mentoring gefördert werden, damit die Unternehmen später über erfahrene Führungskräfte verfügen, die auf die Herausforderungen der Zukunft vorbereitet sind. Und zu guter Letzt trägt Mentoring dazu bei, die Unternehmenskultur und -werte an die nächste Generation von Mitarbeitenden weiterzugeben.

Insgesamt wird Mentoring in einer sich wandelnden Arbeitswelt, in der lebenslanges Lernen und Wissenstransfer von entscheidender Bedeutung sind, für Unternehmen immer wichtiger. Es ist ein effektiver Weg, um Mitarbeitende in ihrer Entwicklung zu unterstützen, Talente zu fördern und die Zukunftsfähigkeit des Unternehmens sicherzustellen.

Dein eigener Weg zu New Work

Damit auch du in Zukunft weiterhin einen Job ausüben kannst, der dir gefällt und zu dir passt, ist es also wichtig, dich weiterzubilden und dir folgende Fragen zu stellen:

1. Was wolltest du im beruflichen Kontext immer schon mal lernen?
2. Wie kann dein Unternehmen dich dabei unterstützen, dass du dich weiterbildest?
3. Welche Menschen bittest du bei beruflichen Fragen um Rat?

Nimm dir die Zeit, neue Fähigkeiten zu erlernen, bitte dein Unternehmen um Unterstützung, und gehe mit den Menschen, die du um Rat bittest, noch mehr in den Austausch. Denn besonders im Hinblick auf zukünftige digitale Entwicklungen werden wir den Austausch mit anderen Menschen brauchen.

DIGITALE TRANSFORMATION UND INNOVATIONEN

»FRÜHER WAR ALLES BESSER!«

Wie oft stehen wir Neuerungen verschlossen gegenüber? Dabei hält die neue Arbeitswelt so viele großartige Dinge für uns bereit.

Die Digitalisierung hat New Work in Zeiten der Pandemie befeuert, und so entstand der Mythos, New Work sei gleichzusetzen mit Homeoffice. Mittlerweile wird bekannter, dass das Konzept so viel mehr ist. Dieses Kapitel dient dazu, dir einen Überblick darüber zu verschaffen, welche digitalen und innovativen Möglichkeiten es im New-Work-Kontext gibt. Denn auch wenn New Work vor allem eine Art Mindset ist, helfen uns auch Tools, die Zukunft unserer Arbeitswelt zu gestalten. Neben der Arbeit mit Künstlicher Intelligenz geht es hier um vor allem um neue Arten der Zusammenarbeit und um innovative Vergütungsmodelle.

Open Innovation: Die neue Art der Zusammenarbeit

Sicher kennst du den Begriff Innovation, aber weißt du auch, was er konkret bedeutet? Innovation wird in Deutschland oft mit Veränderung gleichgesetzt, doch das ist so nicht ganz korrekt. Ja, Innovation bedarf Veränderung, allerdings steckt noch viel mehr dahinter.

Laut ITONICS Innovation ist Innovation »der Prozess, bei dem eine Idee in ein Produkt oder eine Dienstleistung umgewandelt wird, die ein bestimmtes Problem löst und einen Mehrwert für das Unternehmen und [die Kund*innen] schafft«.[1] Innovation löst also Probleme oder schafft Mehrwert. Und genau diesen Gedanken verkörpert auch ein Teilbereich von New Work namens Open Innovation.

Bei Open Innovation nutzt ein Unternehmen sowohl internes Wissen als auch Ideen von Externen, wie von Kund*innen, Forschenden und Partner*innen. Um zu veranschaulichen, was damit gemeint ist, findest du hier ein Bild.[2]

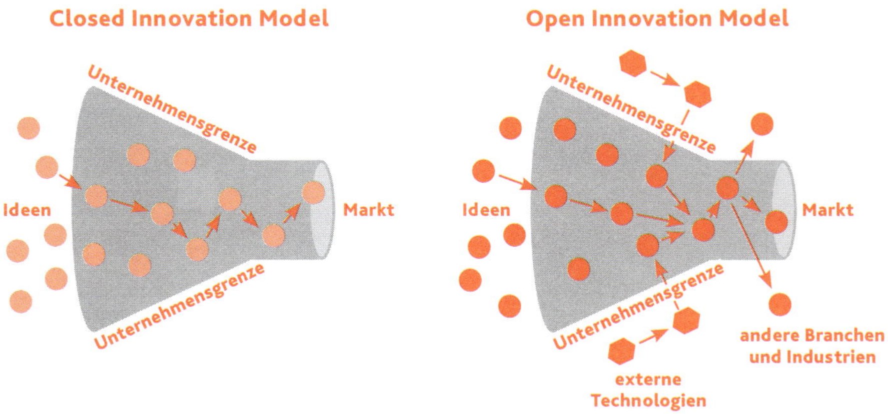

Beim Closed Innovation Model werden ausschließlich interne Informationen und Ideen genutzt, um Innovation im Unternehmen voranzutreiben. Beim Open Innovation Model hingegen nutzen die Unternehmen auch die Ideen anderer Branchen, Unternehmen, von Kund:innen oder auch externe Technologien für mehr Innovation.

Ein sehr bekanntes Beispiel für Open Innovation ist der Spielzeughersteller LEGO: Nachdem LEGO im Jahr 2003 mit Schulden von 800 Millionen US-Dollar die Insolvenz verhinderte, setzte die Firmenleitung in den darauffolgenden Jahren erfolgreich auf offene Innovation, um die Bedürfnisse der Kund*innen zu erfüllen. Dafür nutzen sie »LEGO Ideas«, ein Projekt, das auf einem offenen Innovationsmodell basiert und Fans dazu einlädt, neue Produktideen einzureichen. Über diese Ideen stimmt dann die LEGO-Nutzergemeinschaft ab. Wenn ein Design 10.000 Stimmen von der Community erhält, beginnt LEGO mit der internen Designbewertung und gegebenenfalls mit Produktentwicklungsprozessen. Sobald das Design für die Produktion ausgewählt wurde, erhält der/die Designer*in eine Belohnung. Das Ziel von LEGO war es damals und ist es auch heute noch, kostengünstig Kund*innenfeedback einzuholen, bevor große Investitionen getätigt werden. Und das haben sie geschafft: Etwas mehr als ein Jahrzehnt später, im Jahr 2015, wurde LEGO mit einem Gewinn von 600 Millionen US-Dollar zu einer der mächtigsten Marken der Spielzeugbranche. Bisher wurden 39 Sets aus den »LEGO Ideas« produziert und erfolgreich vermarktet.[3]

Ein weiteres Beispiel ist die NASA (National Aeronautics and Space Administration), die 1969 den ersten Menschen zum Mond schickte. Im Jahr 2009 startete die NASA ein offenes Innovationsprogramm zur Verbesserung der eigenen Innovationsfähigkeiten, das sich als Erfolg erwies und in rasantem Tempo zu erheblichen wissenschaftlichen Fortschritten führte. Im Jahr 2009 wurden vierzehn Probleme öffentlich gemacht, an denen 114 NASA-Mitarbeitende nach der üblichen Methode und über 3.000 Nicht-Mitarbeitende nach dem Open-Innovation-Modell arbeiteten. Fazit: Die von der Öffentlichkeit bereitgestellten Lösungen übertrafen die Erwartungen der

NASA bei Weitem. So präsentierte beispielsweise ein halb pensionierter Radioingenieur eine völlig neuartige Methode zur Vorhersage von Sonneneruptionen, die durch Sonnenstürme verursacht werden. Seine Lösung war die erfolgreichste unter den eingereichten Lösungen. Seitdem hat die NASA Open Innovation genutzt, um über dreihundert Herausforderungen im NASA-Turnierlabor zu lösen, wobei 92 % der Lösungen die Erwartungen erfüllten oder übertrafen und 80 % der Kosten einsparten.[4]

Und das sind nur zwei Beispiele von Firmen, die bereits früh ein Element aus dem New-Work-Kontext nutzten. Heute ziehen immer mehr Unternehmen nach, um ihre Produkte und Dienstleistungen zu verbessern. Sie holen Kund*innen-Feedback ein, schauen sich Dinge von anderen Branchen und Unternehmen ab und nutzen externe Technologien.

Organisationen müssen nicht immer alles allein machen, sondern dürfen gemeinsam Innovation vorantreiben.

Coopetition: Konkurrenz belebt das Geschäft

Laut dem Zukunftsinstitut bezieht sich der Begriff »Kollaboration« auf die oft technisch unterstützte Teamarbeit, die in der Regel zum Ziel hat, neue Ideen oder Lösungen zu generieren. Die digitale Kommunikation spielt dabei eine wesentliche Rolle und findet meist innerhalb eines Unternehmens statt. Geht es um die Zusammenarbeit mit direkten Mitwettbewerbenden, nennt man das »Coopetition« – eine Kombination aus Cooperation und Competition.

Ein prominentes Beispiel: Die beiden Automobilhersteller Ford und Volkswagen arbeiten seit 2018 zusammen, um ihre Wettbewerbsfähigkeit zu steigern und Kosten zu senken. Der Gedanke liegt erst mal nicht so nah, da die beiden Firmen direkte Konkurrenten sind. Schaut man jedoch genauer hin, ergibt diese Coopetition absolut Sinn. Beide Unternehmen haben in das Unternehmen Argo AI investiert und anschließend deren Self-Driving-System in ihren Fahrzeugen genutzt. Darüber hinaus verwendet Ford den Modularen E-Antriebs-Baukasten von Volkswagen für Elektrofahrzeuge. Außerdem wurde ein gemeinsames Leitungsgremium gegründet, das sowohl aus Ford- als auch aus Volkswagen-Führungskräften besteht. Die Zusammenarbeit soll dazu beitragen, neue Technologien schneller auf den Markt zu bringen und die jeweiligen Werke effizienter zu nutzen.

Es geht im Kern also darum, mit der Konkurrenz zusammenzuarbeiten, wenn es für beide Parteien zu mehr Erfolg führt.

Beim Beispiel von Ford und VW fördert die Coopetition sogar die Nachhaltigkeit und dient nicht nur den Unternehmen, sondern auch der Umwelt.

Der altbekannte Spruch »Konkurrenz belebt das Geschäft« passt perfekt und lässt sogar neue Formen der langfristigen Zusammenarbeit entstehen.

Business Ecosystems: Geschäftsmodelle der Zukunft

In Geschäftsökosystemen arbeiten verschiedene Unternehmen und Partner*innen zusammen, um gemeinsame Ziele zu erreichen und erfolgreich zu sein. Abgeschaut wurde diese Art der Zusammenarbeit vom Ökosystem in der Natur, in dem viele verschiedene Lebewesen miteinander interagieren, um zu überleben.

Ein Beispiel dafür ist Apple. Das Technologieunternehmen stellt unter anderem seine Smartphones mithilfe anderer Unternehmen her. Apple arbeitet eng mit den Lieferant*innen für die benötigten Teile zusammen, ebenso wie mit den Unternehmen, die die Software entwickeln, und den Geschäften, die die Smartphones verkaufen. Die Idee ist, dass diese Zusammenarbeit allen hilft. Alle im Ökosystem profitieren voneinander und tragen ihren Teil dazu bei, dass die Produkte besser und erfolgreicher werden.

In einem Geschäftsökosystem gibt es viele verschiedene Unternehmen und Partner*innen, durch die man auf eine Vielzahl von Ressourcen zugreifen kann. Arbeitet ein Unternehmen beispielsweise an einem neuen Produkt, kann es sich an die Partnerunternehmen wenden, um spezielles Know-how oder Technologien zu nutzen, die es selbst nicht besitzt. Außerdem fördern Geschäftsökosysteme den Ideenaustausch und die Zusammenarbeit zwischen verschiedenen Unternehmen. Da jedes Unternehmen seine eigenen Erfahrungen mit Kund*innen gemacht hat, kann auf diese Weise auch besser auf deren Bedürfnisse eingegangen werden.

*Geschäftsökosysteme sind wie ein Netzwerk von Partner*innen, das dabei hilft, auf Ressourcen zuzugreifen, innovativ zu sein und näher an Kund*innen zu agieren.*

Vielleicht fragst du dich jetzt, warum das für uns wichtig ist und zu New Work gehört? Nun, neue Technologien machen nicht nur einige Jobs überflüssig, sondern auch Unternehmen verändern sich und mit ihnen ihre Geschäftsmodelle. Wenn diese Unternehmen sich auf eine Zusammenarbeit mit anderen Organisationen einlassen, kann dieses neue Ökosystem für mehr Innovation und in der Folge für ein längeres Bestehen der Firmen sorgen.

Dennoch werden in Zukunft alle lernen müssen, mit dieser neuen Technologie umzugehen.

Künstliche Intelligenz: Neuer Schwung für unseren Arbeitsalltag

Hast du schon von ChatGPT gehört? Falls nicht, hier die Erklärung von ChatGPT selbst: »ChatGPT ist ein Computerprogramm, das in der Lage ist, mithilfe Künstlicher Intelligenz (KI) menschenähnlichen Text zu verstehen und darauf zu antworten, um Fragen zu beantworten und Konversationen zu führen.«[5]

Falls du schon von ChatGPT gehört hast – hast du das Programm auch schon benutzt und weißt, wie du den bestmöglichen Output erhältst?

Ich bin zwar keine KI-Expertin, habe aber in den letzten Monaten gelernt, das Tool für mich zu nutzen. Die Gliederung für dieses Buch ist bspw. damit entstanden. Ich habe mir überlegt, welche Punkte ich behandeln möchte, und anschließend ChatGPT gebeten, mir daraus eine passende Gliederung zu bauen, und zwar so:

»Erstelle aus den folgenden Punkten eine Gliederung für ein Buch, das auf verständliche Art und Weise erklärt, was New Work bedeutet. Das Buch richtet sich an Personen, die bisher kaum bis gar keine Berührungspunkte mit der Thematik hatten. Bitte fasse die genannten Punkte zusammen, und schaffe daraus Ober- und Unterthemen für die Gliederung.«

Wichtig ist, dem KI-Tool genau zu erklären, was es tun soll, um den bestmöglichen Output zu erhalten. Du erklärst deinen Kolleg*innen ja auch, was sie tun sollen und wie du dir das Ergebnis vorstellst, und so kannst du auch die Künstliche Intelligenz betrachten: als eine Art Kolleg*in.

Ich nahm noch ein paar Anpassungen vor und hatte innerhalb von wenigen Minuten meine Gliederung. Hätte ich das selbst gemacht, hätte es vermutlich Stunden gedauert.

Und genau darum geht es bei der Nutzung neuer Technologien: Zeitersparnis.

Wie man im Arbeitskontext KI nutzt und welche Möglichkeiten es neben ChatGPT noch gibt, weiß Christoph Magnussen. Er ist CEO von Blackboat, Podcaster, Autor und war in meinem Podcast zu Gast.

Er beschreibt KI als eins der nächsten großen Toolfelder und gibt als Beispiel die sogenannten Large Language Models: Sie verstehen und generieren natürliche Sprache und hängen mit Unternehmensdaten zusammen. So können sie dabei helfen, Trainingspläne zu erstellen, Kosten zu kalkulieren und auch das Onboarding zu vereinfachen. Zum Beispiel gibt es bereits Firmen, die Onboarding-Bots nutzen. Diese besitzen das Wissen, das für die Einarbeitung der neuen Mitarbeitenden benötigt wird, und können auf Fragen antworten. Auch hier hat man das Gefühl, man unterhält sich mit einem Menschen.

Auf meine Frage, was passiert, wenn Unternehmen künftig die Möglichkeiten der KI nicht nutzen, entgegnet er, dass solche Firmen die Tätigkeiten mit Menschen kompensieren müssen. Das kann dann wiederum mehr Zeit kosten und die Produktivität hemmen.

KI kann natürlich nicht nur große Unternehmen unterstützen, sondern zum Beispiel auch an Schulen. So haben Lehrbeauftragte früher viel Zeit damit zugebracht, die Stundenpläne so zu erstellen, dass keine Lehrkräfte Überschneidungen und Schüler*innen nicht zu viele Freistunden hatten. Künstliche Intelligenz kann diese Aufgabe nun übernehmen und spart den zuständigen Angestellten somit viele Stunden Arbeit.

Doch natürlich gibt es auch Nachteile von Künstlicher Intelligenz in der Arbeitswelt. Dazu zählen unter anderem Überforderung, Angst vor Neuem, fehlendes Verständnis und fehlende Schulungen in dem Bereich. Christoph betont, dass die Neugier und das Interesse essenziell für die Zukunft sind. Denn diese Dinge fördern das Verständnis und machen es so leichter, sich mit Neuerungen auseinanderzusetzen.

»Eine leichte Überforderung ist der Zustand, in dem wir am meisten Glück verspüren«, sagt er.

Wichtig im Umgang mit neuen Technologien: Die erforderlichen Fähigkeiten und Kenntnisse sind niemandem angeboren. Wir können sie trainieren und uns einarbeiten. Wir müssen nicht sofort den Expert*innenstatus erreichen. Es reicht, wenn wir der Technologie mit einer gewissen Offenheit und Neugier begegnen, keine Angst haben und uns nicht direkt davor verschließen.

> Mein **Tipp:** Erstelle dir einen kostenfreien ChatGPT-Account, und bitte deinen virtuellen Kollegen doch einfach mal um Folgendes: »Nenne mir drei Beispiele für Neuerungen im xxx (hier tippst du deine Branche bzw. dein Handwerk ein), die für mich wichtig sind, jeweils mit einer kurzen Erklärung.«

Glückwunsch. Das war schon ein erster Schritt in den Ausbau deiner Kenntnisse, wenn es um Künstliche Intelligenz geht. Well done!

Human Machine Interaction: Das Potenzial der Zusammenarbeit von Mensch und Maschine

Die Zusammenarbeit von Mensch und Maschine bezeichnet man auch als Human Machine Interaction oder als Mensch-Maschine-Interaktion (MMI). Es geht darum, wie Menschen und automatisierte Systeme miteinander interagieren. Einige Beispiele nutzen wir schon länger: Unsere Alexa aktivieren wir über Sprachsteuerung, Chatbots von Onlineunternehmen beantworten unsere Fragen, und unser Gesicht entsperrt unser Smartphone.[6]

Du merkst, New-Work-Elemente sind nicht nur unsere Zukunft, sie sind bereits Teil unserer Gegenwart. Eine Person, die sich damit sehr gut auskennt, ist Lara Sophie Bothur. Sie ist Voice for Innovation und Senior Consultant bei Deloitte und fokussiert sich bei ihrer Arbeit auf das Gute, was uns die Maschinen bringen, das sogenannte Tech for Good.

Lara betont, wie wichtig die Technologie für unsere Zukunft ist, und zeigt dies am Beispiel des Gesundheitswesens. In Zukunft wird es Roboterassistenten geben, die Chirurg*innen bei Operationen unterstützen, und auch KI-gesteuerte Diagnosetools, die Krankheiten schneller identifizieren. Neue Technologien verbessern Bildungsangebote, helfen beim Umweltschutz und optimieren Notfall- und Rettungseinsätze.

Hast du schon von den Hunderobotern gehört, die in Katastrophengebieten nach vermissten Menschen suchen? Ich habe einen dieser Roboter kennengelernt. Auf einer Marketing-Messe in Hamburg konnte man am Vodafone-Stand viele Tools bestaunen, die mithilfe von Künstlicher Intelligenz mit uns interagieren. Das wohl spannendste war der Roboterhund Spot. Er schafft über fünf Stundenkilometer, öffnet Türen, steigt Treppen und ist mit einem Greifarm, mehreren Kameras und einer 3-D-Hinderniserkennung ausgestattet. Der Vorteil: Menschen müssen bspw. nicht in eingestürzte Häuser und sich den damit einhergehenden Gefahren aussetzen.

Wichtig ist, dass die Menschen weiterhin von entscheidender Bedeutung sind und die Technologie eher ein Hilfsmittel ist. Das schaffen wir, indem wir uns unersetzbar machen und unsere menschlichen Stärken nutzen.

Das beschreibt das Zukunftsinstitut ganz gut. Denn laut ihm sind wir kreative Problemlöser*innen, die die Potenziale der Digitalisierung voll ausschöpfen, wenn wir produktive Allianzen zwischen Mensch und Maschine bilden.[7]

Auch Lara betont diesen Aspekt: »Durch Human Machine Interaction können wir die Arbeitswelt sozialer, nachhaltiger und effizienter gestalten und die Technologie so einsetzen, dass sie die menschlichen Fähigkeiten erweitert und nicht ersetzt. Gerade in der komplexen und immer ungewisseren Welt sind Kreativität, Einfühlungsvermögen und Intuition von uns Menschen wichtiger als je zuvor.«

Doch wo es Innovation und Veränderung gibt, haben die Menschen auch immer Angst, ersetzt zu werden, nicht mehr am Zahn der Zeit zu sein und durch die nachfolgende Generation überholt zu werden. Und diese Angst besteht durchaus zu Recht, wenn man bedenkt, wie viele Jobs durch die Digitalisierung bereits überflüssig wurden. Eine Entwicklung, die sich wohl auch in Zukunft fortsetzen wird. Laut der *WirtschaftsWoche* sind das zehn der am schnellsten ersetzbaren Berufe:

1. Fachkräfte aus der Logistikbranche (zu 100 % substituierbar)
2. Chemie-, Kunststoffberufe (zu 89,8 % substituierbar)
3. Bergleute, Mineralgewinner (zu 83,9 % substituierbar)
4. Metallerzeugung, -bearbeitung (zu 82,5 % substituierbar)
5. Steinbearbeitung, Baustoffherstellung, Keramik-, Glasberufe (zu 82,1 % substituierbar)
6. Papierherstellung, -verarbeitung, Druck (zu 79,9 % substituierbar)
7. Getränke, Genussmittelherstellung, übrige Ernährungsberufe (zu 79,1 % substituierbar)
8. Warenprüfer*innen, Versandfertigmacher*innen (zu 78,9 % substituierbar)
9. Elektroberufe (zu 75,6 % substituierbar)
10. Back-, Konditor-, Süßwarenherstellung (zu 75,3 % substituierbar).[8]

Was viele Studien jedoch außer Acht lassen: Durch die Digitalisierung werden auch neue Jobs entstehen, und die bereits bestehenden Arbeitsplätze können wir durch Automatisierung effizienter gestalten.

Lara stellt heraus, dass die Technologie Fehler durch präziseres Arbeiten reduziert, Menschen physisch und psychisch entlastet, Abläufe individueller gestaltet, mehr Transparenz – bspw. bei Lieferketten – schafft und auch Lieferungen umweltfreundlicher macht. Ihr Appell: das Risiko der Abhängigkeit minimieren, indem Notfallpläne für den Ausfall der Technologie entstehen, und darauf achten, das Menschliche nicht aus den Augen zu verlieren.

Solltest du also Angst haben, deinen Job an eine Maschine zu verlieren, mach dich unersetzbar, indem du dir zukunftsrelevante Fähigkeiten aneignest und dich mit den aktuellen Themen beschäftigst.

New Pay: Faire Entlohnung

Was wir bei all den Dingen, die ich hier aufführe, nicht vergessen sollten: Arbeit ist auch zum Geldverdienen da. Und mit unserer Art zu arbeiten, darf sich auch die Art der Vergütung ändern. Zum Beispiel erhalten die Mitarbeitenden mancher Unternehmen eine Beteiligung am Unternehmen, oder die Vergütung geht weg von »Bezahlung nach Zeit« hin zu »Vergütung nach Leistung«.

Letzteres trifft auf mein Vergütungsmodell zu. Wenn ich als Speakerin gebucht werde, wird nicht bezahlt, wie lange ich für die Vorbereitung der Präsentation brauche, wie viele Stunden ich an- und abreise oder wie lange ich vor Ort bin. Stattdessen wird meine Leistung pauschal vergütet, und diesen Trend hätte ich mir schon viel früher gewünscht. Ich erinnere mich noch sehr gut daran, dass ich während eines Praktikums meine Zeit im Büro absaß, obwohl ich meine Aufgaben bereits erledigt hatte, und wie sehr mich das frustrierte.

In diesem Zusammenhang begegnete mir vor ein paar Jahren der New Pay Report. Das ist eine Studie, die zeigt, dass Mitarbeitende sich bei der Vergütung bspw. mehr Fairness, Flexibilität, Partizipation und Permanent Beta wünschen.

Fairness meint, dass ungerechte Löhne die intrinsische Motivation der Mitarbeitenden schwächen. Mitarbeitende sind eher bereit, eine Vergütung als fair zu akzeptieren, wenn sie mit ihrer Bezahlung zufrieden sind und wenn transparente Kriterien für alle gelten.

Flexibilität meint, dass Mitarbeitende die Möglichkeit haben sollten, zwischen mehr Urlaubstagen, höherem Gehalt und weniger Arbeitszeit zu wählen, abhängig von ihrer Lebenssituation.

Permanent Beta meint, dass Vergütungssysteme bei Bedarf weiterentwickelt werden sollten, um den sich ändernden Anforderungen gerecht zu werden. Auf diese Weise wird eigenverantwortliches Handeln gefördert, und Gehaltsverhandlungen finden auf Augenhöhe statt.

Nachdem ich auf den New Pay Report aufmerksam geworden war, stand für mich fest, dass ich die Begründer*innen des New-Pay-Begriffs, Nadine Nobile und Sven Franke, in meinen Podcast einladen werde. Diese Folge war für mich superspannend, denn so tief ich auch im Thema New Work drin bin, New Pay ist noch mal eine ganz andere Dimension.

»Vergütung ist für uns ein Regelsystem, das regelt, was gehaltlich entlohnt wird und was nicht«, sagt Nadine in meinem Podcast.

Auf meine Frage, ob wir demnächst alle nach Leistung und nicht mehr nach Zeit vergütet werden, entgegnen beide, dass es so einfach nicht sei.

»Die Gestaltung des Vergütungssystems ist so einzigartig wie die Kultur der Organisation«, sagt Sven. Ähnlich wie bei New Work gibt es auch hier keine einheitliche Lösung, die für alle Organisationen genutzt werden kann. »Die Vergütung beeinflusst massiv die Unternehmenskultur«, betont Sven. Und das ist durchaus nachvollziehbar.

Sind die Mitarbeitenden nicht zufrieden mit der Vergütung, kann das Frustration hervorrufen, die Unternehmenskultur beeinflussen und Unruhe stiften.

Daher sollten wir bei der Transformation von Organisationen darauf achten, dass wir nicht nur die Art zu arbeiten verändern – also Raum, Ort, Zeit und Zusammenarbeit –, sondern auch auf die Transformation der Vergütung schauen.

Doch wie könnte eine neue Art der Vergütung konkret aussehen?

Auf diese Frage liefern die beiden ein sehr anschauliches und nachvollziehbares Beispiel: Ein Unternehmen führt für alle Jobs ein Basisgehalt ein. Werkstudent*innen, Praktikant*innen, Vollzeitangestellte, Teilzeitbeschäftigte, Managementebene ... alle erhalten ein identisches Basisgehalt. Hinzu kommen eine Professionskomponente (also ein Zuschlag je nach Position) und eine individuelle Komponente. Die Vorteile liegen auf der Hand: Die Gehälter sind transparent, aneinander gekoppelt (bei Anpassungen steigen alle Basisgehälter), für die Mitarbeitenden nachvollziehbar und für die HR-Abteilung einfacher festzusetzen.

Oftmals tauschen sich die Mitarbeitenden darüber aus, wie viel sie verdienen. Wenn sie dabei merken, dass sie trotz gleicher Position unterschiedlich vergütet werden, kann schnell das Gefühl von Ungerechtigkeit entstehen. Die Gehaltsfestsetzung wirkt dann eher wie ein Würfelspiel. Mit einer an die Organisation angepassten Vergütung, die alle Mitarbeitenden nachvollziehen können, lassen sich die Unterschiede viel besser akzeptieren.

Aldina Salihodžić arbeitet als HR-Managerin und Verantwortliche für Organisationsentwicklung in einer Steuerberatung, die sie gemeinsam mit ihrem Mann als Familienunternehmen führt. In ihrer Kanzlei in Wien hat sie nicht nur New Work, sondern auch New Pay eingeführt. Gemeinsam mit ihren Mitarbeitenden legte sie dafür zunächst alle Gehälter offen. Der Fokus dabei lag auf der Frage: Was ist das mögliche Risiko?

Folgende Antworten haben sie darauf gefunden:

- Sie als Arbeitgeberin muss mit höheren Lohnkosten rechnen, wenn auf einmal Unterschiede in der Bezahlung zutage treten.
- Es kann die Arbeitsatmosphäre stören und für Streitereien sorgen.
- Die Mitarbeitenden könnten befürchten, dass sie im Unternehmen weniger wert sind, wenn sie sehen, dass ihre Kolleg*innen mehr verdienen.

Doch die meisten dieser Sorgen waren unbegründet. Lediglich der erste Punkt trat ein, sodass nach den Gesprächen ein paar Gehaltsanpassungen vorgenommen werden mussten, mit denen Aldina allerdings gerechnet hatte. Die meisten Mitarbeitenden fühlen sich inzwischen freier, und es gab sogar Fälle, in denen sich Mitarbeitende für andere einsetzten, weil sie meinten, dass ihre Kolleg*innen mehr verdienen sollten. Die entstehende Transparenz sorgte also für eine noch bessere Unternehmenskultur.

»Wir sollten das Gehalt von dem Wert eines Menschen entkoppeln«, sagt Aldina, und damit hat sie vollkommen recht. Wir sollten uns nicht nur über unsere Arbeit definieren und auch nicht über das, was wir verdienen.

Ich möchte jedoch betonen, dass die beiden hier aufgeführten Beispiele keine einheitliche Lösung für alle Organisationen sind. Wenn es in einer Firma beispielsweise generell Unruhen gibt und keine positive Unternehmenskultur herrscht, hilft auch eine Veränderung des Vergütungssystems nur begrenzt.

Unternehmen, die unzufriedenen Mitarbeitenden eine Gehaltserhöhung geben, ohne wirklich etwas an den Arbeitsbedingungen zu verändern, sind nicht zukunftsfähig.

Wichtig ist, zuerst an der Basis des Unternehmens zu arbeiten, bevor Rahmenbedingungen transformiert werden. Und genau damit beschäftigen wir uns im nächsten Kapitel.

Dein eigener Weg zu New Work

Doch zuvor stelle ich dir wieder drei Fragen, die dich deinem New Work etwas näherbringen:

1. Welche digitalen Tools und Fähigkeiten werden für deinen Job immer wichtiger?
2. Hast du dich bisher mit Künstlicher Intelligenz beschäftigt? Wenn nein, weshalb nicht?
3. Wenn du deine Art der Vergütung frei gestalten könntest, wie sähe sie aus?

Beschäftige dich vor allem mit der Antwort auf die erste Frage. Du kannst vermeiden, durch eine digitale Lösung ersetzt zu werden. Ob das geschieht oder nicht, hast du selbst in der Hand, ebenso wie dein berufliches Wohlbefinden, worauf ich jetzt eingehe.

WOHLBEFINDEN UND ARBEITSUMGEBUNG

»ARBEIT IST DAS HALBE LEBEN.«

Den Satz kenne ich nur zu gut – und du vermutlich auch. Dass wir nicht nur leben, um zu arbeiten, ist uns heute natürlich bewusst. Dennoch verbringen wir einen Großteil unserer Zeit mit Arbeit, was sich manchmal wie unser halbes Leben anfühlen kann. Betrachten wir eine klassische Arbeitswoche, benötigen wir 40 von insgesamt 168 Stunden, die uns in der Woche zur Verfügung stehen, um unsere Brötchen zu verdienen. Doch selbst wenn wir noch 8 Stunden Schlaf pro Nacht abziehen, haben wir immer noch 72 Stunden zur freien Verfügung. Weshalb haben wir dann das Gefühl, dass Arbeit unser halbes Leben ist?

Schlechte Arbeitsbedingungen, Stress mit Vorgesetzten, fehlendes Verständnis für die eigenen Bedürfnisse und vieles mehr sorgen dafür, dass uns unsere Arbeit täglich mehr beschäftigt, als es der Fall sein müsste. Da ist es doch kein Wunder, dass wir uns auf der Arbeit wohlfühlen wollen und uns bemühen, eine Arbeitsumgebung zu schaffen, die das ermöglicht.

Ich persönlich habe mir in meinem Homeoffice die für mich idealen Bedingungen geschaffen. Zu Hause bin ich flexibel und kann jederzeit mit meinem Hund spazieren gehen. Ich habe einen iMac, weil mein Laptop mir nicht reicht, kann ankommende Lieferungen entgegennehmen, habe meine Unterlagen zur Hand und kann meine Mittagspause auch mal auf der Couch verbringen.

Ich weiß, was mir guttut und was ich brauche, um produktiv zu sein. Leider wissen das viele Menschen nicht, oder die Unternehmen, in denen sie arbeiten, schaffen für sie keine Arbeitsumgebung, in der sie sich wohlfühlen und die sie dabei unterstützt, produktiv zu sein.

Was alles zu einer solchen Arbeitsumgebung gehört, was du selbst für dein Wohlbefinden tun kannst und wie Resilienz für ein positives Arbeitsumfeld sorgen kann, liest du auf den folgenden Seiten.

Work-Life-Blending: Was ist Arbeit und was privat?

Im April 2023 war ich als New-Work-Expertin bei ntv zu Gast, weil der Fernsehsender eine Wochenserie über die Zukunft unserer Arbeit ausstrahlte. Thema meines Interviews war Work-Life-Blending. Richtig gehört, es geht nicht mehr nur um die Work-Life-Balance, nach der wir alle seit Jahren versuchen, unseren Alltag auszurichten, sondern vielmehr um eine Vermischung von Arbeit und Privatleben.

Laut dem Zukunftsinstitut ist der Begriff wie folgt zu verstehen: Work-Life-Blending ist ein »fließender Übergang zwischen Arbeits- und Privatleben [und] ermöglicht es den [Arbeitnehmenden], flexibel auf private Umstände zu reagieren, selbstbestimmt zu arbeiten und damit produktiver zu sein«.[1]

Ob das für jeden das Richtige ist, sei zunächst mal dahingestellt. Aus meiner Perspektive kann ich jedoch sagen, dass ich diese Verschmelzung für mich persönlich gut finde. Ich mag es, zwischen zwei Arbeitsphasen kurz private Dinge zu erledigen und gut erreichbar zu sein, auch wenn ich gerade nicht am PC bin. Außerdem schätze ich es, mit meinem Team über das eigentlich viel für private Dinge genutzte Tool WhatsApp kurze Kommunikationswege zu haben. Und ja, ich arbeite manchmal auch gerne dann, wenn es andere nicht tun. Zum Beispiel war es hilfreich, dieses Buch an den Wochenenden zu schreiben, damit ich währenddessen meine Ruhe habe und nicht von eintreffenden Mails oder Telefonaten gestört werde.

Allerdings bin ich selbstständig und arbeite somit sowieso sehr selbstbestimmt. Wie geht es hingegen Personen, die angestellt sind?

Besonders für Angestellte schafft Work-Life-Blending mehr Flexibilität, um Familie und Beruf besser vereinbaren zu können, denn es ermöglicht es, sich die Arbeitszeiten freier einzuteilen.

Bist du zum Beispiel eher spätabends produktiv, kannst du diese Zeitfenster nun vielleicht für deine Arbeit nutzen und zu den klassischen Arbeitszeiten des Tages private Dinge erledigen.

Einerseits bringt diese Entwicklung Vorteile mit sich, andererseits gehen damit auch Nachteile einher. Denn Arbeitgebende können diese neue Art der Verschmelzung von Arbeit und Privatleben schnell ausnutzen und zu ständiger Erreichbarkeit verpflichten. Besonders, wenn Menschen im Homeoffice arbeiten.

Laut einem Artikel von indeed »arbeiten fast 30 Prozent der Beschäftigten zu Hause regelmäßig außerhalb der vertraglich festgelegten Zeiten weiter. 39 Prozent sind im Homeoffice jederzeit für ihre [Arbeitgebenden] verfügbar.«[2]

Damit Work-Life-Blending für die Arbeitnehmenden nicht zum Nachteil wird und sie eine Balance zwischen ihren alltäglichen Aufgaben, der Arbeit und ihrem Privatleben hinbekommen, ist es wichtig, die körperliche Fitness zu fördern und auf die mentale Gesundheit zu achten.

Corporate Health: Mentale Gesundheit und Arbeit gehören zusammen

Die Gesundheit eines Unternehmens bezeichnet die Wirtschaft heute als Corporate Health, weil es mehr umfasst als das bisher bekannte betriebliche Gesundheitsmanagement. Laut dem Zukunftsinstitut geht es nicht nur um Unfallprävention, Betreuung durch Betriebsärzt*innen und ergonomische Gestaltung von Arbeitsplätzen.

Aspekte wie Stress, Überarbeitung, Burn-out sowie physische und psychische Gesundheitsprobleme sind ebenfalls von großer Bedeutung.[3]

Was sich alles auf unsere Gesundheit auswirkt, zeigt die Grafik der Gesundheitsdeterminanten. Die Grafik visualisiert die zentralen Einflussfaktoren in der physischen und sozialen Umwelt und zeigt Möglichkeiten für die Förderung der Gesundheit. Diese Faktoren werden in fünf Kategorien eingeteilt, beginnend bei individuellen bis hin zu gesellschaftlichen Einflussfaktoren.

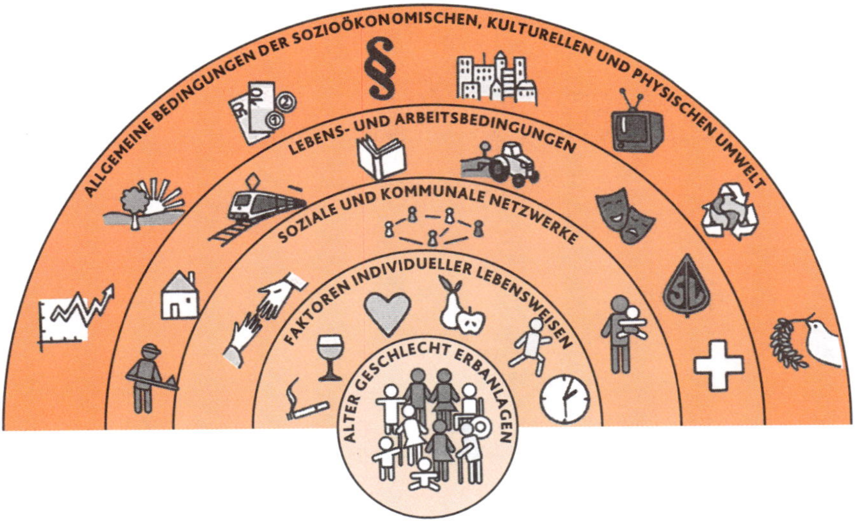

Vgl. Dahlgren, G./ Whitehead, M. (1991): »Policies and strategies to promote social equity in health«; Stockholm: Institute for Future Studies.[4]

Du siehst, dass zahlreiche Faktoren unsere Gesundheit sowohl positiv als auch negativ beeinflussen, und dazu zählen auch die Arbeitsbedingungen. Unsere Arbeit beeinflusst also unsere Gesundheit, und da in den letzten Jahren vor allem die Zahl der psychischen Probleme stark angestiegen ist, möchte ich dir gerne die Ergebnisse einer Studie der Weltgesundheitsorganisation (WHO) mit auf den Weg geben, die sich speziell auf die mentale Gesundheit von Arbeitskräften bezieht.

Wenn du meine Kurzvorstellung gelesen hast, weißt du, dass ich selbst an einer Depression erkrankt war. In dieser Zeit habe ich gelernt, wie wichtig es ist, den Fokus auf die mentale Gesundheit zu legen. Auch in meinem Arbeitsumfeld höre ich immer mehr von Menschen, die an einer psychischen Erkrankung leiden oder gelitten haben. Laut der Weltgesundheitsorganisation (WHO) ist die Anzahl der Menschen mit Depression um 25 % gestiegen, und laut dem Bundesministerium für Gesundheit leidet inzwischen fast jede*r dritte Deutsche im Laufe seines oder ihres Lebens an einer behandlungsbedürftigen psychischen Erkrankung. Allein durch Depressionen und Angstzustände gehen jedes Jahr zwölf Milliarden Arbeitstage verloren, was die Weltwirtschaft jährlich eine Milliarde US-Dollar kostet.[5]

Diese steigenden Zahlen entstehen durch Probleme im Privatleben, aber auch auf der Arbeit. Exemplarisch seien hier Personalmangel, hoher Druck, Zeitstress oder eine schlechte Organisation genannt.

Im schlimmsten Fall kann eine negative Unternehmensgesundheit dazu führen, dass Menschen das Unternehmen verlassen, und hier spreche ich ausdrücklich auch von der Führungsebene. Laut einer von Deloitte durchgeführten Studie aus dem Jahr 2022 denken 70 % der Führungskräfte darüber nach, einen Job anzutreten, der ihr Wohlbefinden besser fördert. 68 % der Mitarbeitenden und 81 % der Führungskräfte geben an, dass die Verbesserung ihres Wohlbefindens wichtiger ist als die Weiterentwicklung ihrer Karriere, und nennen als größte Hürden eine hohe Arbeitsbelastung, Stress im Job und zu lange Arbeitszeiten.

Das wiederum kann in eine Abwärtsspirale führen: Personalmangel führt zu einer ungesunden Arbeitsatmosphäre, die wiederum zu Personalmangel führen kann. Um diese Spirale zu vermeiden, werden Unternehmen in Zukunft mehr auf das Wohlbefinden ihrer Mitarbeitenden achten müssen. Und diese Aufgabe werden vor allem Führungskräfte übernehmen, die leider immer noch oft unterschätzen, wie sehr ihre Teams von betrieblichen Umständen belastet werden.[6]

Welche Maßnahmen können also ergriffen werden, um die Gesundheit im Unternehmen zu fördern?

Beispiele sind Fitness-, Sport- und Wellnessangebote. Dabei müssen die Unternehmen den Mitarbeitenden nicht direkt ein Fitnessstudio bauen, sondern können stattdessen auch auf externe Angebote zugreifen. Darüber hinaus gibt es auch Angebote externer Dienstleistenden für mentale Gesundheit.

Hier ein Beispiel aus dem Fußball, wie auf die physische und psychische Gesundheit der Mitarbeitenden geachtet werden kann: In manchen Profivereinen nutzen die Fußballer*innen jeden Tag eine App, um ihr Wohlbefinden an den Trainer oder die Trainerin zu übermitteln. Auf einer Skala von eins bis zehn klicken sie die Zahl an, die ihr Wohlbefinden an diesem Tag am besten widerspiegelt. Der Trainer oder die Trainerin weiß daraufhin, wie belastbar die Fußballer*innen an diesem Tag sind, und richtet das Training daran aus. Der Vorteil dieser Methode: Ist das Wohlbefinden eines Spielers oder einer Spielerin über eine längere Zeit hinweg auf einem niedrigen Niveau, kann der Trainer oder die Trainerin auf die betreffende Person zugehen, das Gespräch suchen und Lösungen erarbeiten.

Ich sage nicht, dass wir jetzt alle in unseren Jobs solch eine App einführen sollen. Was ich vielmehr meine, ist: Führungskräfte haben eine Verantwortung für ihre Mitarbeitenden und sollten sich um deren Wohlergehen bemühen. Ist in meinem Team eine Person immer wieder unproduktiv, suche ich das Gespräch mit ihr und wir erarbeiten gemeinsam eine Lösung. So entwickelt sich die Gesundheitsvorsorge von einer individuellen Angelegenheit zu einer strategischen Aufgabe für Führungskräfte.

Fazit: *Unsere Gesundheit hängt auch von unserer Arbeit ab, und in einer Welt, in der immer mehr Menschen mentale Probleme haben, sehe ich die Unternehmen in der Verantwortung, vorsorgende Maßnahmen zu ergreifen.*

Weitere Beispiele, wie sich die Gesundheit der Mitarbeitenden fördern lässt, findest du im nächsten Kapitel.

New Benefits: Obstkorb und Tischkicker sind kein Muss

Im Jahr 2023 drehte ich gemeinsam mit Leni Bolt, Work-Life-Expertin, eine Kampagne für und mit LinkedIn zum Thema Mitarbeitendenvorteile. Auch die sogenannten Corporate Benefits – also Zusatzleistungen von Unternehmen wie flexible Arbeitszeiten, Gesundheitsförderung, faire Vergütung oder auch Weiterbildung – verändern sich. Im Rahmen der Kampagne haben wir deutlich gemacht, dass heutzutage ein angemessenes Gehalt, ein frei zugänglicher Obstkorb in der Küche und ein Tischkicker im Pausenraum als Anreize nicht mehr ausreichen, wenn man qualifizierte Mitarbeitende gewinnen oder behalten möchte.

Als die Kampagne online ging, machte mich meine Community bei LinkedIn allerdings auf etwas aufmerksam: Obstkorb und Tischkicker sind noch lange kein Standard. Das machte mich neugierig.

Ich hörte Geschichten von Unternehmen, bei denen kein kostenfreies Wasser für die Mitarbeitenden angeboten wird. Bei anderen ist das Laden von privaten Smartphones an der Arbeitssteckdose nicht gestattet, und wieder andere werden von ihren Arbeitgebenden im Büro überwacht, weil sonst die Raucherpausen angeblich zu lang werden.

Das sind in meinen Augen Extrembeispiele, wie Zusammenarbeit im New-Work-Kontext **nicht** funktionieren sollte. Dennoch gibt es diese Beispiele, und ich erwähne sie, um zu verdeutlichen, wie der Status quo aussieht und dass noch viel getan werden muss.

Die gute Nachricht: Der Großteil der deutschen Unternehmen bietet bereits Benefits an. Die schlechte Nachricht: Nur jede*r zweite Mitarbeiter*in nimmt die Angebote wahr.

Mein Podcastgast Andreas Weck ist Redakteur für den Bereich »Arbeitswelt« beim *t3n Magazin* und schreibt dort über eine Befragung zu Benefits: »86 Prozent der [Arbeitnehmenden] erhalten hierzulande Benefits von ihren Unternehmen, doch nur 48 Prozent verwenden diese regelmäßig.«[7] Es reicht also nicht, Benefits wie betriebliche Altersvorsorge, Mobilität oder Vergünstigungen zur Verfügung zu stellen, sie müssen auch beworben werden.

Wie das geht? Unternehmensinterne Kommunikation, Postings über Social-Media-Kanäle oder auch die Offline-Kommunikation mit Externen sind Möglichkeiten, um die Vorteile eines Unternehmens populärer zu machen. Dabei sollte auch im privaten Umfeld darüber gesprochen werden, denn New Work ist schon längst kein Thema mehr, dass sich auf digitale Jobs beschränkt. Durch den Austausch im privaten Umfeld werden noch mehr Menschen auf mögliche Benefits aufmerksam und können diese ihren Unternehmen präsentieren.

Das weiß auch Andreas. In meinem Podcast sagt er: »Ich merke immer mehr [...], dass [New Work] in die Mitte der Gesellschaft kommt, und ich nicht mehr nur mit [Technologieliebhaber*innen] darüber spreche, sondern auch mit meiner Mutter oder sogar meiner Großmutter.«

Natürlich sprechen nicht alle Benefits jede*n gleich an. Doch laut der Jobbewertungsplattform kununu sind die beliebtesten Benefits:

- Mobilität
- Coachings und Fortbildungen
- Gesundheitsförderung
- Kitabeiträge und Kinderbetreuung
- Flexibilität und Freiheit.[8]

All das sind Benefits, die wenig mit digitalen Jobs zu tun haben und die wirklich JEDES Unternehmen, egal wie groß oder klein, anbieten kann.

Mein **Tipp:** Achtet bei den Zusatzleistungen auf die individuellen Bedürfnisse eurer Mitarbeitenden. Die einen freuen sich über Tankrabatte, die anderen über einen Zuschuss für die öffentlichen Verkehrsmittel. Wie bei New Work generell ist auch hier die Auswahl der zum Unternehmen und den Mitarbeitenden passenden Benefits individuell zu betrachten.

Ein weiterer wichtiger Punkt, der von Unternehmen gefördert werden sollte, um das Wohlbefinden der Mitarbeitenden zu verbessern, ist Resilienz.

Resilienz: Die Geheimwaffe bei Veränderungen

Laut der Resilienz-Akademie ist Resilienz »die Fähigkeit, flexibel mit Stress umzugehen und so Krisen ohne Folgen für die psychische Gesundheit zu überstehen«.[9]

In Zeiten der Pandemie haben wir gelernt, dass Resilienz wichtig ist, um uns auf neue Arbeitsumstände einzustellen. Vom Büro in kürzester Zeit ins Homeoffice. Von regelmäßigen Treffen mit Freund*innen zum Alleinsein in den eigenen vier Wänden. Von einer – im Vergleich zu heute – vorhersagbaren Zukunft hin zur Ungewissheit auf unbestimmte Zeit. Manchen Menschen hat diese Zeit nachhaltig geschadet, manche Menschen konnten damit besser umgehen. Und die, die damit besser umgehen konnten, sind resiliente Personen.

Resilienz wird oft mit Widerstandsfähigkeit gleichgesetzt. Allerdings meint der Begriff nicht einfach nur, dass jemand mit Widerständen umgehen kann oder robust ist. Vielmehr geht es darum, sich an die Veränderungen, die durch Krisen entstehen, anzupassen, das eigene Verhalten bei Bedarf zu reflektieren und zu verändern und auch künftigen Krisen vorzubeugen.

Resilienz im beruflichen Kontext

Stell dir vor, du arbeitest in einem Büro und es gibt viel zu tun. Plötzlich kommt eine wichtige Aufgabe dazu, die du nicht erwartet hast. Bist du resilient, verhältst du dich wie folgt: Du gerätst nicht in Panik oder fühlst dich gestresst, sondern behältst einen klaren Kopf. Du überlegst, wie du die zusätzliche Aufgabe bewältigen kannst, tauschst dich mit deinen Kolleg*innen aus und bist flexibel, deine bestehenden Pläne anzupassen. Du versuchst, neue Wege zu finden, um die Aufgabe zu erledigen, bleibst optimistisch und konzentrierst dich auf das, was du tun kannst, um mit der unvorhergesehenen Situation umzugehen. Insgesamt bleiben resiliente Mitarbeitende also ruhig und behalten eine positive Einstellung, wenn unerwartete Herausforderungen auftreten.

Wichtig: Resilienz ist nicht angeboren, sondern man kann sie trainieren.

Und dabei können Unternehmen ihre Mitarbeitenden mithilfe von Schulungen und Workshops unterstützen, was auch zum Unternehmenserfolg beiträgt. Denn wie bereits erwähnt, zählt Resilienz zu den Fähigkeiten und Eigenschaften, die in Zukunft besonders wichtig sein werden.

Dein eigener Weg zu New Work

Und nun möchte ich von dir Antworten auf folgende Fragen haben:

1. Wie sieht dein idealer Arbeitsalltag aus?
2. Welche Benefits wären dir im beruflichen Umfeld wichtig?
3. In welcher beruflichen Situation hättest du resilienter handeln können?

Vielleicht hast du dich mit diesen Fragen noch nie beschäftigt, doch das ist essenziell, um dein Wohlbefinden auf der Arbeit zu stärken. Dein Unternehmen kann zwar viel für dich tun, aber es kann nicht hellsehen. Du musst schon selbst herausfinden, was du brauchst, und es im Anschluss natürlich auch kommunizieren.

NACHTEILE VON NEW WORK

»VERTRAUEN IST GUT, KONTROLLE IST BESSER.«

So hieß es früher. Zum Glück hört man heute immer mehr: »Kontrolle ist gut, Vertrauen ist besser«, doch leider leben auch heute noch viele nach der alten Version, die viele Nachteile mit sich bringt.

Und hier freuen sich jetzt alle New-Work-Kritiker*innen, denn sie haben recht: Die Einführung eines neuen Konzepts kann auch einige Nachteile mit sich bringen. Manche Menschen sind überfordert, wissen nicht, wie sie es richtig umsetzen, oder unterschätzen den Aufwand, der dahintersteckt. Der wohl größte Nachteil jedoch sind Unternehmen, die das Konzept ausnutzen. Sie brüsten sich mit dem Begriff, dabei haben sie gerade mal Homeoffice eingeführt – und du weißt inzwischen, dass New Work viel mehr als das ist.

Ich werde oft gefragt, wie Bewerbende bei Stellenanzeigen erkennen können, ob ein Unternehmen New-Work-Aspekte umsetzt. Gibt es ein Indiz für »wirkliches« New Work? Meine Antwort lautet:

New Work ist kein für alle einheitliches Konzept, und somit können auch nicht alle Unternehmen eine einheitliche Stellenanzeige schalten.

Vielmehr erkennst du an einer Stellenanzeige, ob das Unternehmen zu dir passt, wenn dich persönlich die Stellenanzeige anspricht. Ob das Unternehmen dann auch die Art von New Work umsetzt, die deinen Vorstellungen entspricht, erfährst du beim Kennenlerngespräch.

> Mein **Tipp:** Sprich nicht nur mit der HR-Abteilung, sondern bitte darum, deine direkte Führungskraft kennenlernen zu dürfen.

Doch nicht alle Unternehmen haben die richtige Motivation, New Work umzusetzen. Leider geht es nicht allen um das Wohlbefinden ihrer Mitarbeitenden. Ganz viele Unternehmen sehen sich gezwungen, das Konzept umzusetzen, weil sie sonst keine Fachkräfte mehr finden. Außerdem kann der Gedanke daran, New-Work-Konzepte umsetzen zu müssen, den Menschen auch Angst machen, da sie nicht wissen, was ihnen bevorsteht. Schließlich gibt es keine einheitliche Lösung für alle Organisationen.

Gerne möchte ich dir ein paar Tipps geben, wie du die nachfolgenden Nachteile von New Work erkennst, selbst nicht in die Falle tappst und am besten auf dich achtgibst.

New Work als Werbemasche

Es gibt Pink Washing, Green Washing oder auch Blue Washing. All das sind Begriffe dafür, dass man sich mit etwas brüstet und sein Image aufpoliert, ohne sich wirklich für dieses Thema einzusetzen. Pink Washing nutzt das Image der LGBTQIA+-Community für sich aus, Green Washing das der Nachhaltigkeit und Blue Washing das der sozialen Verantwortung. Und genau so passiert es auch mit New Work, man spricht vom sogenannten New Work Washing.

Unternehmen tun viel, um ihre Arbeitgebendenmarke zu stärken: Sie nutzen Employer Branding, um sich als wundervolles Unternehmen mit glücklichen Mitarbeitenden bei LinkedIn, in Magazinen oder auch in ihrem eigenen Marketing zu positionieren. Doch steckt wirklich drin, was draufsteht?

Ich möchte dir ein Beispiel geben: Eine im DACH-Raum populäre und international tätige Einzelhandelskette verkündete die Implementierung einer Viertagewoche in Österreich. Allerdings stellte sich bei genauerer Betrachtung heraus, dass dieses Arbeitsmodell lediglich für speziell ausgewählte Büroangestellte galt und nicht für die Mitarbeitenden in den Filialen. Nach einer Testphase von lediglich sechs Monaten erfolgte dann die Meldung, dass die Einzelhandelskette die Initiative aufgrund von mangelnder Akzeptanz wieder einstelle. Was ein Wunder.[1]

Ähnlich machen es Unternehmen, die das positive Image der Viertagewoche ausnutzen, dabei jedoch die Stunden nicht reduzieren. Vierzig Stunden in vier Tagen abzuarbeiten, ist auch nicht die Lösung.

Die viel zu hohe Anspruchshaltung

Ein weiterer Nachteil ist die überzogene Anspruchshaltung sowohl auf der Unternehmens- als auch auf der Mitarbeitendenseite. Da es weder eine einheitlich genutzte Definition von New Work noch eine Blaupause für die Einführung der Methoden gibt, erwarten unterschiedliche Parteien unterschiedliche Dinge. Vonseiten der Geschäftsführung wird erwartet, dass die Mitarbeitenden in kürzerer Zeit mehr Leistung erbringen, eine höhere Bindung an das Unternehmen haben und auch mal die Extrameile gehen. Die Mitarbeitenden hingegen erwarten zahlreiche Benefits, mehr Flexibilität und ein entspannteres Arbeiten. Da sind Missverständnisse vorprogrammiert.

Dass – zumindest phasenweise – harte Arbeit weiterhin zum Alltag dazugehört und New Work nicht nur einen einmaligen Transformationsprozess bedeutet, vergessen viele. Um sowohl den Bedürfnissen der Führungskräfte als auch denen der Mitarbeitenden gerecht zu werden, sollten die eigenen Erwartungen daher offen kommuniziert werden. Denn nur, wenn die Belegschaft an einem Strang zieht, können nachhaltige Veränderungen umgesetzt werden, die Verbesserungen für alle mit sich bringen.

Überforderung durch Eigeninitiative

Wie im Kapitel »Corporate Health« beschrieben, steigt die Zahl von Menschen mit behandlungsbedürftigen psychischen Erkrankungen. Im Grunde sollte New Work dieses Problem lösen, weil der Fokus mehr auf das Individuum gelegt wird. Doch dieses Vorgehen kann auch schnell nach hinten losgehen, denn New Work bedeutet auch viel Selbstorganisation und mehr selbstbestimmtes Arbeiten. Durch das vermehrte Arbeiten im Homeoffice fällt zudem der zwischenmenschliche Kontakt in den Büros weg. Auch flache Hierarchien sind nicht jedermanns Ding, und Offenheit für Veränderung an den Tag zu legen, fällt nicht allen Menschen leicht. Einige sind durch die Einführung von New-Work-Prozessen schlicht überfordert.[2]

Arbeiten Menschen vermehrt flexibel an verschiedenen Orten, im Homeoffice oder zu unterschiedlichen Zeiten, bedarf dies zudem einer gewissen Selbstdisziplin und Planung. Dafür sind nicht alle Menschen geschaffen, was wiederum zu einem Gefühl der Einsamkeit oder auch zum Verlust der Motivation führen kann.[3]

Hinzu kommt, dass Führungskräfte in modernen Unternehmen immer mehr Verantwortung abgeben. Sie ermutigen ihre Teams zu eigenverantwortlichem Arbeiten und mehr Selbstorganisation, was ebenfalls zu Überforderung führen kann. Und vergessen wir nicht die Menschen, die nicht auf New-Work-Maßnahmen umsteigen wollen. Bei ihnen kann die Zufriedenheit mit dem eigenen Arbeitsplatz drastisch sinken.[4]

Zu guter Letzt kann das Gefühl, ständig erreichbar sein zu müssen und keine klare Trennung von Arbeitsplatz und privatem Umfeld zu haben, eine gewisse Selbstausbeutung begünstigen. Wichtig ist also, sich selbst gut zu kennen, um rechtzeitig Grenzen zu setzen.[5]

Fehlende Ressourcen

Abseits von den menschlichen Faktoren, die dazu führen können, dass New Work Nachteile mit sich bringt, gibt es da auch die rechtlichen, wie Daten- oder Arbeitsschutzbestimmungen.

Ein Beispiel aus meinem Unternehmen: Ich habe im letzten Jahr meine erste Werkstudentin eingestellt, die für mich remote arbeitet, da sie aktuell in London lebt. Zunächst dachte ich, ein normaler Arbeitsvertrag reicht, bis mich eine befreundete Unternehmerin darauf hinwies, dass ich einen gesonderten Vertrag für mobiles Arbeiten benötige.

In meinem Fall ging es dabei um **eine** Person und um **einen** Aspekt. Stell dir diesen Prozess nun mal bei einem großen Unternehmen mit mehreren Hundert Mitarbeitenden vor.

Hierzu ein weiteres Beispiel: Laut der Wirtschaftszeitschrift *Business Punk* verändert Mercedes-Benz aktuell alle Jobprofile und investiert dafür bis 2030 mehr als zwei Milliarden Euro weltweit in die Weiterbildung der Beschäftigten. Grund hierfür sind die rasanten Veränderungen, die derzeit in der Automobilbranche stattfinden.[6]

Arbeitgebende sollen sich um die mentale Gesundheit der Mitarbeitenden kümmern und im besten Fall dafür noch spezielle Angebote bereitstellen. Die körperliche Gesundheit darf wiederum auch nicht vergessen werden, wofür Fitnessprogramme und ergonomische Arbeitsplätze zur Verfügung gestellt werden sollen.[7] In vielen Fällen müssen neue Tools eingeführt, die Mitarbeitenden dahingehend geschult und Arbeitsschutz- und Datenschutzbestimmungen erneuert werden, wenn New-Work-Prozesse eingeführt werden, doch einen solchen Kraftakt schafft nicht jedes Unternehmen. Nicht alle haben genügend Ressourcen in Form von monetären Mitteln oder Personal.[8]

Natürlich können diese Unternehmen trotzdem damit beginnen, New Leadership einzuführen oder ihre Mitarbeitenden zu befragen, was im Unternehmen besser laufen könnte. Ich möchte lediglich betonen, dass ein Ressourcenmangel ein Nachteil sein kann und nicht außer Acht gelassen werden darf.

Abgesehen davon unterliegen wir in Deutschland generell vielen Regularien, die Innovation in der Arbeitswelt nicht wirklich begünstigen. Hier wünsche ich mir mehr Unterstützung vonseiten der Politik, die Maßnahmen subventionieren kann, um Unternehmen die Einführung von New-Work-Maßnahmen zu erleichtern.

Das Pflastersyndrom

Und zum Schluss gibt es da noch das von mir als Pflastersyndrom bezeichnete Phänomen, für das meine Podcastgästin Swantje Allmers den Impuls gab. Sie ist Co-Founder & CEO von New Work Masterskills sowie Autorin.

»Wenn du an der Arbeit nichts veränderst, wenn du nicht glücklich bist, dann ist die Einführung der Viertagewoche, als ob du einfach nur ein Pflaster drüberklebst«, sagt sie in unserer gemeinsamen Podcastfolge. »Das ändert aber nichts an den schlechten Arbeitsbedingungen, und nach drei freien Tagen gehst du wieder zur Arbeit und hast genauso wenig Lust wie vorher.«

Wenn deine Arbeit also keinen Sinn ergibt, keine positive Kultur in deinem Unternehmen herrscht oder du nicht glücklich bist, dann bringt auch die Einführung von einzelnen New-Work-Maßnahmen wie Viertagewoche, Benefits oder Homeoffice nichts. Klebst du ein Pflaster auf eine unbehandelte Wunde, scheint das Problem nach außen hin repariert und verdeckt zu sein, doch das allein hilft nicht beim Heilen der Wunde. Der Heilungsprozess kann zwar funktionieren, doch eventuell bleibt eine Narbe zurück. Wichtiger ist es, deinen Körper bei der Heilung zu unterstützen, die Wunde zu reinigen und mit dem passenden Heilmittel zu versorgen.

Und genauso ist es bei der Arbeit: Führt man bei bestehenden Unstimmigkeiten im Unternehmen einfach nur die Viertagewoche ein, ohne im Kern etwas zu verändern, gehen die Mitarbeitenden nach drei Tagen wieder ihrer Arbeit nach und haben immer noch dasselbe Problem wie vorher. Arbeitet man hingegen an den Ursachen und schaut, weshalb den Angestellten bei ihrer Arbeit etwas fehlt, und auch, was ihnen fehlt, kann man diese Lösung gemeinsam erarbeiten. Man findet also das jeweilige passende Heilmittel für das Problem. Und ja, vielleicht gehört das Kleben eines Pflasters auch dazu.

Dein eigener Weg zu New Work

Du siehst, worauf ich hinauswill: New-Work-Maßnahmen einzuführen, kann schnell nach hinten losgehen, wenn die Basis nicht stimmt.

Deshalb hier drei Fragen, um herauszufinden, welche Nachteile New-Work-Modelle in deinen Augen haben können:

1. Welche Nachteile siehst du an dem New-Work-Konzept nach diesen Kapiteln noch?
2. Welche beruflichen Rahmenbedingungen wären oder waren die schlimmsten für dich?
3. Was benötigst du, damit du dich nicht überfordert fühlst?

Nachteile gehören zu Innovation dazu und einen realistischen Blick auf neue Dinge zu werfen, hilft dabei, nicht die eigenen Werte zu verlieren. Ich hoffe, mit einigen Vorurteilen, die du hinsichtlich der Entwicklung von New Work hattest, aufgeräumt zu haben, und bitte dich, neben aller Skepsis weiterhin eine gewisse Offenheit zu bewahren. Denn es gibt bereits so tolle Geschichten, wie New Work umgesetzt wurde, und das in Branchen, in denen du es vielleicht zunächst nicht vermutest.

NEW-WORK-GESCHICHTEN UND EIN BLICK IN DIE ZUKUNFT

»WER RASTET, DER ROSTET.«

Wenn du es bis hierher geschafft hast, verstehst du genau, was New Work bedeutet. Vermutlich hast du bereits Empfehlungen mitgenommen, wie du das Konzept für dich umsetzen kannst, und im Idealfall bewegst du etwas in deiner Branche oder deinem Unternehmen.

In diesem Kapitel findest du Beispiele, die zeigen, wie New Work in verschiedenen Branchen schon umgesetzt wurde und dass es sich lohnt, nicht zu rasten. New Work im Krankenhaus, in der Politik, im Bankwesen und im Handwerk. Du denkst, das geht nicht? Warte ab und lies weiter.

Doch zuvor schauen wir auf die Zukunft von New Work.

Die Zukunft der Zukunft

Da sich das New-Work-Konzept immer weiterentwickelt, habe ich mit Prof. Dr. Stefan Tewes und Harry Gatterer vom Zukunftsinstitut über die Zukunft des in den 1980er-Jahren erschaffenen Konzepts gesprochen.

In unserer Podcastfolge sind wir uns einig: Der Begriff wird sich verändern müssen! Weshalb?

Der Begriff New Work hat sich ausschließlich im deutschsprachigen Raum durchgesetzt und funktioniert im internationalen Raum nicht. In anderen Ländern heißt es bspw. Future of Work oder Human Centricity in Work. Mit dieser Problematik habe ich selbst auch schon meine Erfahrungen gemacht. Einmal saß ich bspw. mit Führungskräften von IBM aus den USA zusammen und erzählte ihnen, was ich beruflich mache. Dass sie vom Begriff New Work noch nie etwas gehört hatten, zeigte mir mal wieder, wie klein die Blase ist, in der wir uns bewegen.

Doch es gibt noch mehr Gründe, warum sich der Begriff verändern wird. Er ist zu komplex, wird inzwischen zu sehr als Buzzword genutzt und lässt sehr viel Spielraum für Interpretationen. Mal sehen, wie mein Podcast und dieses Buch dann in ein paar Jahren heißen ...

Welcher Begriff es wird, steht noch in den Sternen, doch egal, unter welchem Begriff wir handeln: WIR MÜSSEN HANDELN!

Stefan und Harry prognostizieren, dass 2024 das Jahr des Handelns sein wird. Besonders im Fokus wird dabei die Umsetzung von New-Work-Ideen stehen.

Welche Trends uns in der zukünftigen Arbeitswelt erwarten, findest du im Trendradar, das die beiden erstellt haben.[1] Hier ist unter anderem von der Post New Work Era und der Technosozialen Arbeitswelt die Rede. Es wird sich also noch mehr verändern, womit sich Unternehmen zeitnah beschäftigen sollten.

Ein weiterer Trend, den ich beobachte, ist die Etablierung von New Work in Blue Collar Jobs. Blue Collar Jobs sind Jobs, bei denen Menschen hauptsächlich körperlich arbeiten. Beispiele hierfür sind Fabrikarbeitende, Mechaniker*innen, Krankenpflegende und Polizeibeamt*innen. Viele vermuten, dass in diesen Jobs New-Work-Modelle nicht gut umgesetzt werden können. Doch glücklicherweise gibt es bereits Gegenbeispiele, die du auf den folgenden Seiten findest.

New Work im Krankenhaus

David-Ruben Thies ist CEO der Waldkliniken Eisenberg GmbH und hat in seinem Krankenhaus New Work eingeführt. Damit ist er ein absoluter Vordenker. In den Waldkliniken wird der Begriff Patient*in vermieden, weil er aus dem Lateinischen übersetzt »ertragen/erdulden« bedeutet und somit negativ besetzt ist. Die Menschen vor Ort verwenden das Wort Gast. Natürlich werden diese Gäst*innen medizinisch behandelt, doch dabei vermittelt man ihnen ein positiveres Gefühl, ähnlich wie in der Hotelbranche. Die tolle Resonanz dieser Gäst*innen, aber auch der Mitarbeitenden spricht für sich, und so kommt es, dass das Krankenhaus selbst im Zeitalter des Fachkräftemangels kaum Probleme hat, neue Mitarbeitende zu gewinnen.

In den Waldkliniken arbeiten die Teams sehr selbstbestimmt und reflektieren gemeinsam, was bereits gut und was noch zu optimieren ist. Die Teams überlegen, ermutigt durch die Führungskräfte, wie sie die Probleme selbst lösen können.

Darüber hinaus wurden die administrativen Aufgaben für Ärzt*innen und Pflegekräfte weitestgehend minimiert. Die Mitarbeitenden sind für die Gäst*innen da und können sich auf die operative Arbeit konzentrieren. Den Papierkram bearbeiten wiederum dafür befähigte Mitarbeitende. Die Idee dahinter: Die Ärzt*innen und Pflegekräfte sollen ihrer eigentlichen Berufung wieder nachgehen können. »Und das macht glücklich, zufrieden und weniger krank«, so Thies.

Sein **Tipp:** Die mögliche Änderung an einem kleinen Beispiel zeigen und nicht direkt alle Abteilungen zur Veränderung drängen. Außerdem sollte man die Triebkraft von Selbstverantwortung und Eigeninitiative nicht unterschätzen.

New Work in der Politik

Ich habe bereits erwähnt, dass ich mir für unsere neue Arbeitswelt mehr Unterstützung von der Politik wünsche. Sollte man nicht eigentlich denken, dass unsere Politik hinsichtlich Digitalisierung und New Work weit fortgeschritten ist? Schließlich will sie Neuerungen in unserer Gesellschaft und Wirtschaft etablieren. Da sollte man doch meinen, sie sei sehr fortschrittlich. Doch weit gefehlt, was ich an folgendem Beispiel verdeutlichen möchte:

Catarina dos Santos-Wintz ist Mitglied des Deutschen Bundestags und Rechtsanwältin. Als sie anfing, im Bundestag zu arbeiten, wollte sie online ein Formular ausfüllen, bei dem am Ende jedoch stand: »Zurück bitte per Fax.« Das war Catarinas erstes Erlebnis mit der Digitalisierung im Bundestag, woraufhin sie noch herausfand, dass es dort erst seit dem Jahr 2022 flächendeckend WLAN gibt.

Inzwischen arbeitet sie mit ihrem Team zu ca. 90 % papierlos und hat dafür einige digitale Tools implementiert. Sie hält ihre Reden mit ihrem iPad, was in der Politik noch nicht üblich ist, und setzt sehr stark auf New Leadership. Eine Du-Kultur ist in ihrem Team von Anfang an vorhanden, sie legt Wert auf ein positives Miteinander und ein kollegiales Verhältnis. Und dabei helfen schon kleine Schritte: Das gemeinsame Mittagessen einmal in der Woche, das Feiern von Geburtstagen im Team und auch die Möglichkeit des Homeoffice, wenn keine Sitzungen stattfinden.

Du merkst, auch ein Kulturwandel, die Nutzung passender digitaler Tools, wenn möglich flexible Arbeitsmodelle und eine offene Kommunikation sind New Work und können in der Politik etabliert werden. Und das sollte schleunigst passieren, denn so wie Führungskräfte die Vorbilder der Mitarbeitenden sind, ist es die Politik für deutsche Unternehmen.

Weitere Möglichkeiten für New Work in der Politik:

- **Transparente Entscheidungsprozesse.** Das umfasst die Veröffentlichung von Sitzungsprotokollen, Gesetzesentwürfen und Informationen zu politischen Diskussionen. Die Bürger*innen und Mitarbeitenden haben Zugang zu diesen Informationen und können die Arbeit der Politik besser nachverfolgen.

- **Feedback und Evaluation.** Die Politik holt regelmäßig Feedback von Bürger*innen und Mitarbeitenden ein, um Anpassungen vorzunehmen und sicherzustellen, dass die politischen Maßnahmen den Bedürfnissen der Bürger*innen und Mitarbeitenden entsprechen.

- **Weiterbildung und Entwicklung.** Es werden Schulungen und Workshops angeboten, um die politische Kompetenz und die Fähigkeiten der Mitarbeitenden zu erweitern. Dies trägt zur Motivation und Professionalisierung der politischen Arbeit bei.

New Work im Bankwesen

In den Medien war die PSD Bank Braunschweig aufgrund ihrer Einführung der Viertagewoche. Doch in einer meiner Podcastfolgen berichtet Vorstandssprecher Carsten Graf, dass die Genossenschaftsbank noch sehr viel mehr hinsichtlich New Work tut.

Die PSD Bank hat den Anspruch, innovativ zu sein, und fasste im November 2022 den Entschluss, die Viertagewoche einzuführen. Es gab eine Testphase, und seit September 2023 arbeiten die Mitarbeitenden an vier Tagen in der Woche 35 Stunden bei vollem Lohnausgleich. Der volle Lohnausgleich ist wichtig zu erwähnen, denn viele Unternehmen führen die Viertagewoche ein und kürzen ihren Mitarbeitenden die Gehälter, was nicht wirklich im Sinne einer innovativen Arbeitswelt ist.

Außerdem können die Mitarbeitenden ihre Arbeitszeit zwischen 6 Uhr und 22 Uhr ableisten und an zwei Tagen in der Woche nach Rücksprache mit dem jeweiligen Team mobil arbeiten, was mehr Flexibilität ermöglicht. Einige Benefits der PSD Bank Braunschweig sind die finanzielle Unterstützung der Mitarbeitenden bei Fitnessprogrammen, die Möglichkeit einer Massage am Arbeitsplatz und ein noch in der Planung befindlicher New-Work-Bereich am Standort Braunschweig.

Das Resultat der Einführung: Die PSD Bank Braunschweig erhält fünf- bis sechsmal so viele Bewerbungen wie früher, hat keine unbesetzten Stellen mehr und insgesamt die Arbeitgeberattraktivität gesteigert. Hinzu kommt, dass sie ihren Beitrag zur Energiewende leistet. Freitags sind die Mitarbeitenden nicht mehr in den Filialen, wodurch die Maschinen an diesem Tag kaum Strom verbrauchen. Außerdem wird der CO_2-Ausstoß gesenkt, da die Mitarbeitenden an diesem Tag nicht mit dem PKW anreisen.

Die Einführung der Viertagewoche fördere zudem das Ehrenamt, so Carsten, denn an ihrem freien Tag können Menschen sich ihren ehrenamtlichen Tätigkeiten widmen. Ein, wie ich finde, sehr schönes Argument.

Darüber hinaus hat die Genossenschaftsbank verstanden, dass die Einführung von Neuerungen ein Gewöhnungsprozess ist und die Effizienz gesteigert werden muss. So werden aktuell Prozesse verschlankt, Künstliche Intelligenz genutzt und eine hohe Transparenz geschaffen.

Carstens **Tipps** für alle, die New Work in einer Bank umsetzen wollen:
Man sollte zunächst mit einem Projekt beginnen, HR als Projektleitung verantwortlich machen und den Betriebsrat überzeugen. Darüber hinaus kann ein Innovationsteam helfen, passende Neuerungen zu erarbeiten und rechtzeitig anzugehen.

New Work im Handwerk

Der Fachkräftemangel betrifft besonders Branchen wie Bauelektrik, Sanitär-, Heizungs- sowie Klima- und Kraftfahrzeugtechnik. New Work kann dabei helfen, diese Fachkräftelücke zu schließen. Oftmals findet man im Kontext »New Work und Handwerk« die Einführung der Viertagewoche. Doch dass das allein noch kein New Work ist, weißt du mittlerweile.

Bei meiner Recherche bin ich auf einen Bericht über das Unternehmen Klima-Bau Volk gestoßen, die New Work schon eingeführt haben, es nur nicht so nennen. Das Unternehmen passt die Arbeitsplätze so an, dass sie den individuellen Wünschen und Bedürfnissen der Mitarbeitenden gerecht werden. Natürlich ist es wichtig, dass sowohl die Mitarbeitenden als auch das Unternehmen von den getroffenen Vereinbarungen profitieren.[2]

Im Handwerk ist es zwar nur wenigen Beschäftigten möglich, im Homeoffice zu arbeiten, doch bei den Tätigkeitsfeldern, bei denen es möglich ist, unterstützt das Unternehmen das Arbeiten von zu Hause aus. Bisher sind die Erfahrungen damit durchweg positiv. In Fällen, in denen das Arbeiten von zu Hause aus nicht möglich oder nicht zufriedenstellend ist, nimmt die entsprechende Führungskraft Kontakt mit den betroffenen Mitarbeitenden auf, um alternative Lösungen zu finden.

Bei der Umsetzung von New Work im Handwerk liegt der Fokus nicht in erster Linie auf Annehmlichkeiten wie Kickertischen, Wohlfühlzonen, Homeoffice oder Work-Life-Balance. Stattdessen geht es vor allem darum, die Arbeitskultur und das Miteinander so anzupassen, dass die Bedürfnisse von Unternehmen, Mitarbeitenden und Kund*innen gleichermaßen berücksichtigt werden. Ziel ist es, dass alle Parteien davon profitieren.

Weitere Möglichkeiten für New Work im Handwerk:

- **Flexiblere Arbeitszeiten.** Manche Mitarbeitenden fangen morgens eher an und gehen früher nach Hause, um mehr Zeit mit der Familie zu verbringen.

- **Weiterbildung und Entwicklung.** Handwerksbetriebe bieten Schulungen und Workshops an, die den Mitarbeitenden die Möglichkeit geben, ihre Fähigkeiten zu erweitern und sich beruflich weiterzuentwickeln. Das steigert die Motivation und fördert das Engagement für das Unternehmen.

- **Kommunikation und Transparenz.** Die Mitarbeitenden werden regelmäßig über die Entwicklungen im Unternehmen auf dem Laufenden gehalten. Das schafft ein Gefühl der Wertschätzung und stärkt die Bindung an das Unternehmen.

Dein eigener Weg zu New Work

Falls du in einer dieser Branchen tätig bist, kennst du jetzt Beispiele, wie die Umsetzung von New Work gelingen kann. Falls du nicht in einer anderen Branche tätig bist, bekommst du hier drei Fragen für die Umsetzung:

1. Was ist aktuell das größte Problem in deinem Unternehmen?
2. Welche New-Work-Elemente aus den Buchkapiteln wären bei euch realistisch umsetzbar?
3. Wie stellst du dir das für dich perfekte Unternehmen vor?

Das waren die letzten Fragen des Buchs, und ich freue mich, dass du durch die Beantwortung deinem persönlichen New Work ein Stück nähergekommen bist. Vielleicht änderst du jetzt etwas, inspirierst andere zum Neudenken und begeisterst dich mehr für das Thema.

Was sicher ist: Du hast in diesem Buch viele Perspektiven kennengelernt, von Beispielen gelernt und dein Wissen erweitert. Das freut mich sehr!

NEW WORK KOMPAKT

**»WAS DU HEUTE KANNST BESORGEN,
DAS VERSCHIEBE NICHT AUF MORGEN.«**

Das ist ein Spruch, den ich tatsächlich sehr schätze, weil er so gut zu New Work passt. Denn es ist besser, sich zu früh damit zu befassen, als zu spät mit der Umsetzung zu beginnen.

Oft werde ich gefragt: »Was bedeutet New Work genau?«, »Was sind deine New-Work-Karrieretipps?«, oder: »Wann sind wir mit New Work fertig?«

Die Antwort auf die letzte Frage lautet: »Nie, denn unsere Arbeitswelt entwickelt sich stetig weiter.« Die Antwort auf die anderen Fragen bekommst du in diesem Kapitel.

Und falls dir während des Lesens der Gedanke kam, dass im Arbeitsumfeld unterschiedliche Arten und Altersklassen von Menschen unterwegs sind, von denen manche ganz sicher keine Lust auf New Work haben, kann ich dich beruhigen. Denn so unterschiedlich wir alle auch sein mögen, haben laut der Studie meiner Podcastgästin Vanessa Jobst-Jürgens alle der von ihr befragten Personen ähnliche Bedürfnisse an ein qualitatives Arbeitsumfeld: 85 % aller Befragten aus den verschiedensten Generationen streben nach fairer Vergütung, wertschätzender Führung und Kommunikation auf Augenhöhe.[1] Das ist doch die ideale Basis, oder?

Fazit

Es ist 21:15 Uhr, und ich versuche, die letzten hundert Seiten zusammenzufassen. Das letzte ist das für mich wohl herausforderndste Kapitel, und zwar nicht wegen der Uhrzeit. (Um diese Zeit werde ich erst so richtig produktiv.) Es ist herausfordernd, weil ich dir in wenigen Zeilen den Kern dieses Buchs mit auf den Weg geben und dabei nichts vergessen möchte. Doch da es niemand anders für mich tut, lege ich jetzt mal los:

Das New-Work-Konzept wurde Ende der 1980er-Jahre von Frithjof Bergmann entwickelt. Seine Idee: die Lohnarbeit und das dahinterstehende System zu verändern. »Nicht wir sollen der Arbeit dienen, sondern die Arbeit sollte uns dienen und uns Kraft und Energie verleihen, damit wir lebendigere, vollständigere und stärke Menschen werden.«[2]

Auch heute, über vierzig Jahre später, soll New Work weiterhin die Art und Weise, wie wir arbeiten, zu einer besseren Version für die Gesellschaft und uns Individuen verändern. Gründe für den Wunsch nach Innovation sind unter anderem die Urbanisierung (Wachstum von Städten), die steigende Rechenleistung (Datenverarbeitung), der demografische Wandel (Alterung und wachsende Vielfalt der Bevölkerung), der Anstieg gesellschaftlicher Erwartungen und – der wohl dringendste Punkt – der Fachkräftemangel.

In unserer sich ständig verändernden, schnelllebigen und komplexen Welt, die von Unsicherheit geprägt ist, löst New Work das Problem Fachkräftemangel, verbessert die Lebensqualität und sichert die Zukunft unserer Gesellschaft. Mithilfe von Flexibilität, Offenheit für Neues und Fokus auf uns Menschen mit unseren individuellen Bedürfnissen ist die Arbeit nicht mehr nur zum Geldverdienen da, sondern sie wird um eine sinnstiftende Komponente ergänzt.

New Work ermöglicht ein neues Arbeiten, in dem Vielfalt, Chancengleichheit und der Fokus auf ein gesundes Miteinander selbstverständlich sind, und fördert Fähigkeiten und Eigenschaften wie analytisches und kreatives Denken, Resilienz, Flexibilität, Motivation, Selbstbewusstsein und Neugier.

Für diese Entwicklung von Arbeit ist Inner Work essenziell, was Führungskräfte in Unternehmen enorm vorantreiben können. Dabei dient Künstliche Intelligenz als Hilfsmittel, um eine neue Art von Zusammenarbeit zu etablieren.

Wichtig: Die Umsetzung von New-Work-Konzepten benötigt entsprechende Ressourcen, und es ist entscheidend, ein Gleichgewicht aus Neuem und Altem zu finden, um Überforderung zu vermeiden.

Das ist New Work kompakt und genau das richtige Kapitel, wenn du jemandem erklären möchtest, worum es bei dem Konzept geht. Wenn du eine noch kürzere und einprägsamere Definition benötigst, findest du sie im folgenden Kapitel.

Die New-Work-Definition, auf die du gewartet hast

Hier ist es, das kürzeste Kapitel dieses Buchs – und ganz ehrlich: Wäre es das nicht, wäre es eine ziemlich lange und ausführliche Definition. Ich wollte dieses Kapitel schreiben, damit du sofort eine Definition zur Hand hast, wenn du gefragt wirst, was New Work eigentlich bedeutet. Und tatsächlich habe auch ich durch dieses Buch eine für mich neue Definition gefunden und meine alte etwas abgeändert zu dieser hier:

New Work entwickelt Arbeit weiter, sodass wir erfülltere Menschen werden.

Und wenn dir ein Satz nicht reicht, habe ich hier auch noch eine Definition mit mehr Sätzen:

Das New-Work-Konzept entstand Ende der 1980er-Jahre durch Frithjof Bergmann und soll unsere Art zu arbeiten so weiterentwickeln, dass wir durch sie lebendigere, vollständigere und stärkere Menschen werden. In unserer sich ständig verändernden Welt löst New Work den Fachkräftemangel, verbessert unsere individuelle Lebensqualität und sichert die Zukunft der Gesellschaft. Arbeit dient künftig nicht nur dem Geldverdienen, sondern auch der persönlichen Sinnerfüllung. Die Basis hierfür: Flexibilität, Offenheit für Innovation und ein neues Mindset.

New-Work-Tipps für die beste Art zu arbeiten

Du hast dir inzwischen ein eigenes Bild von New Work machen können, und selbst wenn du jetzt noch skeptisch bist, ob du in deinem Unternehmen oder in deiner Branche New Work umsetzen kannst, ist das vollkommen in Ordnung. Wieso? Weil du merken wirst, dass es umsetzbar ist, wenn du es versuchst, doch dazu gehört Mut.

Vor lauter Theorie fehlen mir bei Büchern über Wirtschaft oft die konkreten Tipps und Tricks.

Daher gibt es in meinem Buch hierfür ein Extrakapitel mit meinen Erfahrungen aus den letzten Jahren, die dir mit auf den Weg geben, worauf es ankommt, wenn es darum geht, die ideale Art zu arbeiten zu finden.

▶ Bleib flexibel!

Sei offen für Veränderungen und bereit, dich an neue Arbeitsweisen anzupassen, sei es Remote-Arbeit, flexible Arbeitszeiten oder agile Methoden.

▶ Sei offen, Neues zu lernen!

Kontinuierliches Lernen ist entscheidend, um dich den wandelnden Anforderungen Schritt für Schritt anzupassen. Investiere in deine berufliche Entwicklung und erweitere regelmäßig deine Fähigkeiten.

▶ Bau dir ein Netzwerk auf!

Entdecke die Netzwerke, die zu dir passen, um gezielt Unterstützung für spezifische Themen zu erhalten. Durch den Aufbau eröffnen sich meist berufliche Chancen, die dich auf die nächste Stufe bringen können.

▶ Zeige Eigenverantwortung!

Durch mehr Selbstbestimmung am Arbeitsplatz ist es wichtig, effektiv zu planen und zu organisieren. Setze Prioritäten, manage deine Zeit und halte dich selbst verantwortlich für deine Arbeitsergebnisse.

▶ Fördere deine Technologiekompetenz!

Sei vertraut mit den digitalen Tools und Technologien, die in deinem Arbeitsbereich verwendet werden, und halte deine Fähigkeiten auf dem neuesten Stand.

▶ Sei aktiv!

Forme deinen eigenen Job, stehe für dich ein, kommuniziere deine Bedürfnisse, nutze Mentoring und nimm deine Karriere selbst in die Hand. Denn sonst macht das niemand für dich.

▶ Identifiziere deine Energiequellen!

Wenn du von den Dingen, die dir Energie geben, mehr tust, wird die Arbeit weniger zu einem MUSS. Also identifiziere Tätigkeiten, die dir Energie geben, und schaffe für sie mehr Zeit in deinem Kalender.

▶ Hol dir Ratschläge von Menschen, die sich mit dem Thema auskennen!

Du stehst bspw. gerade vor einer großen beruflichen Herausforderung, dann bitte eine Person aus deinem Netzwerk um Rat, die so eine Situation kennt und dir ihre Tipps mit auf den Weg geben kann.

▶ Stehe für deine Bedürfnisse ein!

Bestimmt kennst du das: Du beginnst einen neuen Job, möchtest einen guten Eindruck machen und sagst deshalb nicht direkt deine ehrliche Meinung. Irgendwann beginnst du doch, den Mund aufzumachen, und deine Kolleg*innen sind völlig überfordert, weil sie dich so nicht kennen. Von Anfang an für die eigenen Bedürfnisse einzustehen, gestaltet die Zusammenarbeit für dich und deine Kolleg*innen einfacher.

▶ Arbeite hart, wenn du Erfolg haben willst!

New Work bedeutet nicht, dass wir vergessen sollen, wie harte Arbeit funktioniert. Auch ich habe trotz meiner Art zu arbeiten immer mal wieder supervolle Tage, viel auf der To-do-Liste und sitze spätabends noch an Projekten. Wenn du erfolgreich sein und etwas erreichen willst, geh die Extrameile, mach Überstunden, und probiere dich aus.

UND JETZT?

BIST DU DRAN!

Du weißt, was New Work bedeutet und wie du die für dich beste Version von Arbeit findest. Du kennst Beispiele für die Umsetzung und hast eine Definition. Jetzt leg los!

> Mein **Tipp:** Starte in einem kleinen Team, gestalte einen sogenannten iterativen Prozess, und hol dir externe Unterstützung.

Wenn es schwierig wird, deine*n Chef*in von der Umsetzung zu überzeugen, hältst du jetzt das beste Werkzeug in der Hand. Du kannst ihm oder ihr dieses Buch schenken, in dem er oder sie nachlesen kann, warum es Sinn ergibt, New Work umzusetzen.

Und selbst wenn du New Work nirgendwo umsetzt, ist es wichtig, dieses Konzept weiterzutragen. Teile das Buch, nutze diese Definition, und sorge dafür, dass auch deine Freund*innen, deine Kolleg*innen und deine Familie Arbeit neu denken.

Nur wenn wir zusammen an der Innovation arbeiten, können wir tatsächlich etwas verändern!

Ich freue mich sehr, dass du bis hierhin gekommen bist, und bin dankbar, dass du mein erstes eigenes Buch in den Händen hältst und meine Worte gelesen hast. Ich hoffe, dass ich dir einen erfrischenden Blick auf das Konzept New Work geben konnte.

Schreib mir unbedingt, wie dir das Buch gefällt! Ich freu mich auf dein Feedback!

LASST UNS DIE ZUKUNFT DER ARBEIT GEMEINSAM GESTALTEN!

DANKE

... an meinen Mann, der mich und meine wildesten Ideen – wie zum Beispiel die, ein Buch zu schreiben – immer wieder mit einer Lockerheit unterstützt, die alles ganz einfach erscheinen lässt.

... an meinen Hund Homie, der all meinen Zweifeln immer ein offenes Ohr geschenkt und meine Schreibpausen mit Kuscheleinheiten bereichert hat.

... an meine Podcastgäst*innen, von denen ich viel lernen durfte und die ALLE maßgebliche Impulse für das Buch geliefert haben.

... an Tessa, Marie, Oli, Simon und Lukas, die meinen Podcast zum Leben erwecken.

... an meine Mama, mein erstes Vorbild und meine wohl größte Unterstützerin und Cheerleaderin.

... an meinen Papa, der meine Art zu schreiben über die Jahre mitgeformt hat und hier hoffentlich keinen Rechtschreibfehler findet.

... an meine Oma, die mich die Liebe zum Detail gelehrt hat.

... an meinen Opa, der das Unternehmer-Gen in unsere Familie getragen und es auch an mich weitergegeben hat.

... an Martina und Uwe, die mir berufliche Flügel verliehen haben.

... an Anne, die die wichtigsten Inhalte aus den Podcastfolgen kuratiert hat.

... an Carina, die mich als Autorin beim Verlag vorgeschlagen hat.

... und abschließend an meinen Verlag, der mir das Vertrauen für den Start seiner Sachbuchreihe entgegengebracht hat.

Es ist ein unbeschreibliches Gefühl zu sehen, wie sich alles fügt. Wie ich an die Menschen kam, die mein Leben auf das nächste Level gehoben haben, und wie die beruflichen und privaten Umwege am Ende einen Sinn ergeben.

DANKE!

GLOSSAR

Agilität: Eine Arbeitsweise, die sich auf Flexibilität, Anpassungsfähigkeit und kontinuierliche Verbesserung konzentriert.

BANI: Ein Akronym für „Brittle, Anxious, Nonlinear, and Incomprehensible", das komplexe und unvorhersehbare Zustände beschreibt.

Best Practice: Eine bewährte Methode oder Technik, die als effektiv und effizient anerkannt ist und in ähnlichen Situationen angewendet werden kann.

Blue Collar Jobs: Arbeiterjobs, die manuelle oder körperliche Arbeit erfordern, im Gegensatz zu Büro- oder Managementpositionen.

Bottom-up-Prinzip: Ein Ansatz, bei dem Entscheidungen und Ideen von der Basis einer Organisation ausgehen und nach oben hin implementiert werden.

Buzzword: Ein Modewort oder eine Phrase, die häufig verwendet wird.

CEO: Chief Executive Officer, die oberste Führungskraft in einem Unternehmen.

Check-in: Ein Prozess, bei dem Mitarbeitende sich gegenseitig über ihren Fortschritt oder ihre Bedürfnisse austauschen, um die Kommunikation und Zusammenarbeit zu verbessern.

Chat GPT: Ein KI-gesteuerter Chatbot, der natürliche Sprache versteht und generiert, um mit Benutzer*innen zu interagieren.

Co-Working: Ein Arbeitsmodell, bei dem unabhängige Fachleute oder Unternehmen gemeinsam einen Arbeitsraum nutzen, um Ressourcen und Kosten zu teilen.

Coopetition: Eine Strategie, bei der Unternehmen sowohl kooperieren als auch konkurrieren, um gemeinsame Ziele zu erreichen, indem sie ihre Stärken nutzen und Schwächen ausgleichen.

Corporate Benefits: Zusätzliche Leistungen, die Unternehmen ihren Mitarbeitenden neben dem Gehalt anbieten.

Corporate Culture: Die Werte, Normen und Verhaltensweisen, die in einer Organisation herrschen und ihre Identität und Arbeitsweise prägen.

Corporate Health: Die Gesundheit und das Wohlbefinden einer Organisation.

Employee Lifecycle: Die verschiedenen Phasen, die Mitarbeitende während ihrer Zeit in einem Unternehmen durchlaufen.

Employee Reskilling: Die Weiterbildung von Mitarbeitenden, um ihre Fähigkeiten und Kenntnisse an neue Anforderungen anzupassen.

Enterviews: Gespräche, in denen neuen Mitarbeitenden mitgeteilt wird, warum sich das Unternehmen für sie entschieden hat.

Freelancer: Eine selbstständige Person, die für verschiedene Kund*innen arbeitet.

Growth Mindset: Die Überzeugung, dass Fähigkeiten und Intelligenz durch Anstrengung und Lernen entwickelt werden können, im Gegensatz zu einer festen, unveränderlichen Sichtweise.

Human Machine Interaction: Die Interaktion zwischen Menschen und Maschinen.

Intrapreneur: Mitarbeitende, die unternehmerisch denken und handeln und neue Ideen und Initiativen innerhalb einer bestehenden Organisation vorantreiben.

Jobsharing: Ein Arbeitsarrangement, bei dem zwei oder mehr Mitarbeitende sich eine Stelle teilen, indem sie sich die Arbeitszeit und Verantwortlichkeiten aufteilen.

Lean Leadership: Ein Führungsansatz, der sich auf die Reduzierung von Verschwendung und die Maximierung des Kundennutzens konzentriert.

Mindset: Die Denkweise oder Haltung, die eine Person gegenüber Herausforderungen, Veränderungen und Wachstum einnimmt.

New Pay: Neue Ansätze oder Modelle für die Entlohnung von Mitarbeitenden, die sich von traditionellen Gehaltsstrukturen unterscheiden können.

Onboarding Bots: Automatisierte Systeme oder Programme, die neuen Mitarbeitenden helfen, sich in einem Unternehmen einzuarbeiten.

Open Knowledge: Die Idee, dass Wissen frei zugänglich sein sollte.

Permanent Beta: Ein Konzept, das darauf abzielt, kontinuierliche Verbesserung und Anpassung zu fördern.

Queere Person: Eine Person, die sich nicht ausschließlich mit den traditionellen Geschlechtsidentitäten oder sexuellen Orientierungen identifiziert.

Remote Work: Die Praxis, unter Verwendung von digitalen Kommunikations- und Zusammenarbeitstools von einem entfernten Standort aus zu arbeiten.

ENDNOTEN

Me, Myself and ... New Work.

1 Mein Podcast New Work Now ist auf allen üblichen Streaming-Plattformen verfügbar. Swantje Allmers, Lara Sophie Bothur, Simone Carstens, Céline Flores Willers, Sven Franke, Harry Gatterer, Johanna Geisler, Carsten Graf, Vanessa Jobst-Jürgens, Janna Linke, Christoph Magnussen, Nadine Nobile, Verena Pausder, Magdalena Rogl, Selma Sadikovic, Aldina Salihodžić, Catarina dos Santos-Wintz, Prof. Dr. Stefan Tewes, David-Ruben Thies, Michael Trautmann, Gaby Wasensteiner und Andreas Weck waren bei mir zu Gast. Zitate, die nicht anders gekennzeichnet sind, stammen aus den jeweiligen Podcastaufzeichnungen.

New What? New Work!

1 Vgl. New Work: Veraltete Utopie oder Blick in die Arbeitswelt der Zukunft?, https://www.firstchoicebc.de/blog/new-work-arbeitswelt-der-zukunft/, abgerufen am 25.2.2024.

2 Stella Friedman & Frithjof Bergmann: Neue Arbeit – eine Alternative?, https://www.arbor-verlag.de/neue-arbeit-eine-alternative, abgerufen am 25.2.2024.

3 Vom Leben her die Arbeit denken, https://newwork-newculture.dev/theorie/, abgerufen am 25.2.2024.

4 Vgl. Die Megatrend Map, https://www.zukunftsinstitut.de/zukunftsthemen/die-megatrend-map, abgerufen am 25.2.2024.

5 Vgl. VUCA Welt, https://www.vuca-welt.de/, abgerufen am 25.2.2024.

6 Vgl. BANI, https://www.dvinci.de/eintrag/bani/, abgerufen am 25.2.2024.

7 Vgl. Thomas Regniet: Wenn Unternehmen das Personal ausgeht – Ein Überblick zum Fachkräftemangel, https://www.wiwo.de/politik/deutschland/fachkraeftemangel-in-deutschland-wenn-unternehmen-das-personal-ausgeht-ein-ueberblick-zum-fachkraeftemangel/28936056.html, abgerufen am 25.2.2024.

8 Vgl. Bundesministerium für Wirtschaft und Klimaschutz: Fachkräfte für Deutschland, https://www.bmwk.de/Redaktion/DE/Dossier/fachkraeftesicherung.html, abgerufen am 25.2.2024.

9 Vgl. Thomas Regniet: Wenn Unternehmen das Personal ausgeht – Ein Überblick zum Fachkräftemangel, https://www.wiwo.de/politik/deutschland/fachkraeftemangel-in-deutschland-wenn-unternehmen-das-personal-ausgeht-ein-ueberblick-zum-fachkraeftemangel/28936056.html, abgerufen am 25.2.2024.

10 Vgl. Thomas Regniet: Wenn Unternehmen das Personal ausgeht – Ein Überblick zum Fachkräftemangel, https://www.wiwo.de/politik/deutschland/fachkraeftemangel-in-deutschland-wenn-unternehmen-das-personal-ausgeht-ein-ueberblick-zum-fachkraeftemangel/28936056.html, abgerufen am 25.2.2024.

Neue Arbeitsmodelle

1 Megatrend New Work, https://www.zukunftsinstitut.de/zukunftsthemen/megatrend-new-work, abgerufen am 25.2.2024.

2 Ute Elisabeth Weiland: Meine Stadt im Jahr 2030, in: Marie- Christine Ostermann u.a.: Zukunftsrepublik: 80 Vorausdenker*innen springen in das Jahr 2030, S. 138.

Soziale und menschliche Verantwortung

1 Vgl. Joana Breitenbach, Bettina Rolow: New Work needs Inner Work. Ein Handbuch für Unternehmen auf dem Weg zur Selbstorganisation, S. 24.

2 Vgl. Magdalena Rogl: MitGefühl. Warum Emotionen im Job unverzichtbar sind, S. 63/64.

3 Vgl. Magdalena Rogl: MitGefühl. Warum Emotionen im Job unverzichtbar sind, S. 24.

4 Vgl. Magdalena Rogl: MitGefühl. Warum Emotionen im Job unverzichtbar sind, S. 127.

5 Vgl. Magdalena Rogl: MitGefühl. Warum Emotionen im Job unverzichtbar sind, S. 219.

6 Wie die Personalabteilung eine zukunftsfähige Employee Experience mitgestalten kann, (zukunftsInstitut, 14.12.2023) https://www.zukunftsinstitut.de/zukunftsthemen/zukunftsf%C3%A4hige-employee-experience?utm_term=&utm_campaign=Brand+%7C+-Studien+(Search)&utm_source=adwords&utm_medium=ppc&hsa_acc=9538789204&hsa_cam=15972226977&hsa_grp=134191746644&hsa_ad=576458954099&hsa_src=g&hsa_tgt=dsa-1597007813453&hsa_kw=&hsa_mt=&hsa_net=adwords&hsa_ver=3&gad_source=1&gclid=CjwKCAiAiv-GuBhBEEiwAWiFmYc2cB33AYB-ezOcPI3y7XlFXgCalwd_1vE8Xh30pSfIOh2MGhRarcxoC9ksQAvD_BwE, abgerufen am 25.2.2024.

7 Magdalena Rogl: MitGefühl. Warum Emotionen im Job unverzichtbar sind, S. 219.

8 Christian Vollmann: Megatrend: Rendite, aber bitte mit Purpose, in: Zukunftsrepublik: 80 Vorausdenker*innen springen in das Jahr 2030, S. 159.

9 Vgl. Saskia Bruysten: Der neue deutsche Dream. Soziale Marktwirtschaft 4.0, in: Zukunftsrepublik: 80 Vorausdenker*innen springen in das Jahr 2030, S. 174.

Neue Kultur und Neue Werte

1 Unternehmenskultur: Definition und positive Beispiele, https://www.personio.de/hr-lexikon/unternehmenskultur/#definition-was-ist-unternehmenskultur, abgerufen am 25.2.2024.

2 Glossar New Work. Trendbegriffe und Definitionen, https://www.zukunftsinstitut.de/zukunftsthemen/new-work-glossar, abgerufen am 25.2.2024.

3 Vgl. Michaela Haas: Was macht ein gutes Team aus?, https://sz-magazin.sueddeutsche.de/die-loesung-fuer-alles/was-macht-ein-gutes-team-aus-86087, abgerufen am 25.2.2024.

4 Vgl. Kathrin Werner: Fast jeder vierte Mitarbeiter steht vor dem Absprung, https://www.sueddeutsche.de/wirtschaft/neuer-job-jobsuche-job-wechseln-1.5560877, abgerufen am 25.2.2024.

5 Vgl. Jen Fisher und Paul H. Silverglate: The C-suite's role in well-being, https://www2.deloitte.com/us/en/insights/topics/leadership/employee-wellness-in-the-corporate-workplace.html, abgerufen am 25.2.2024.

6 Vgl. Unternehmenskultur: Diverse Teams sind erfolgreicher, https://iqb.de/karrieremagazin/unternehmenskultur/unternehmenskultur-diverse-teams-sind-erfolgreicher/, abgerufen am 25.2.2024.

7 Vgl. Anja Sturm: DB-Vorstand: „Ich würde eher von erfahren als von alt sprechen", https://www.absatzwirtschaft.de/db-vorstand-ich-wuerde-eher-von-erfahren-als-von-alt-sprechen-228836/, abgerufen am 25.2.2024.

8 Vgl. So arbeiten unterschiedliche Generationen zusammen. Altersunterschiede am Arbeitsplatz werden größer, https://www.ergo.com/de/Wir-bei-ERGO/Wir-erzaehlen/Geschichten-und-Gesichter/2020/Generationenmanagement-in-Unternehmen, abgerufen am 25.2.2024.

9 Vgl. Diversity: „Karriere ist keine Frage des Alters", https://www.rewe-group.com/de/presse-und-medien/newsroom/stories/diversity-karriere-ist-keine-frage-des-alters/, abgerufen am 25.2.2024.

10 Megatrend New Work, https://www.zukunftsinstitut.de/zukunftsthemen/megatrend-new-work, abgerufen am 25.2.2024.

11 Melanie Wassink: Wie Michael Trautmann mit 57 Jahren sein Leben umkrempelte, https://www.abendblatt.de/wirtschaft/article235307609/michael-trautmann-im-interview-suche-nach-dem-sinn-in-der-eigenen-arbeit-them-new-work-neue-arbeit-der-zukunft-podcast-autor.html, abgerufen am 25.2.2024.

Lernen und Entwicklung

1 Vgl. The future of jobs report 2023, https://www.weforum.org/publications/the-future-of-jobs-report-2023/, abgerufen am 25.2.2024.

2 Vgl. LinkedIn-Report: Kompetenzen bestimmen die Zukunft des Recruitings, https://www.kodekonzept.com/blog/kompetenzen-bestimmen-die-zukunft-des-recruitings/, abgerufen am 25.2.2024.

3 Vgl. The future of jobs report 2023, https://www.weforum.org/publications/the-future-of-jobs-report-2023/, abgerufen am 25.2.2024.

4 Vgl. Was ist Open Knowledge?, https://netzpolitik.org/2019/was-ist-open-knowledge/, abgerufen am 25.2.2024.

Digitale Transformation und Innovationen

1 Emily Djock: Innovations- Glossar. Die 50+ wichtigsten Definitionen, https://www.itonics-innovation.de/blog/ultimative-innovation-glossary#:~:text=Innovation%20ist%20der%20Prozess%2C%20bei,Unternehmen%20und%20den%20Kunden%20schafft, abgerufen am 25.2.2024.

2 Doris Könighofer: Open Innovation vs. Closed Innovation. Wie Sie eine resiliente Open Innovation Kultur etablieren und verhindern, dass ungewollte Closed Innovation zurückkehrt, https://www.lead-innovation.com/insights/blog/open-innovation-vs-closed-innovation#:~:text=Open%20Innovation%20ist%20ein%20Ansatz,und%20Partner%3Ainnen%20mit%20einzubeziehen, abgerufen am 25.2.2024.

3 Vgl. Satish Bhavankar: Through open innovation, LEGO and NASA have reached new heigths, https://www.linkedin.com/pulse/through-open-innovation-lego-nasa-have-reached-new-bhavankar/, abgerufen am 25.2.2024.

4 Vgl. Satish Bhavankar: Through open innovation, LEGO and NASA have reached new heigths, https://www.linkedin.com/pulse/through-open-innovation-lego-nasa-have-reached-newbhavankar/, abgerufen am 25.2.2024.

5 Vgl. https://chat.openai.com/.

6 Vgl. Mensch-Maschine-Interaktion heute und in der Zukunft, https://www.infineon.com/cms/de/discoveries/human-machine-interaction/#:~:%20text=Antworten%20%20im%20%20%20%20%C3%20%9Cberblick-,Was%20%20ist%20%20%20Mensch%20%2DMaschine%20%2DInteraktion%20%3F,und%20%20f%20%C3%20%BChren%20%20%20Aufgaben%20%20automatisch%20%20aus., abgerufen am 25.2.2024.

7 Kollabaration als Schlüssel zum Unternehmenserfolg, https://www.zukunftsinstitut.de/zukunftsthemen/kollaboration, abgerufen am 25.2.2024.

8 Vgl. Kerstin Dämon: Computer können Jobs von 4,4 Millionen Deutschen übernehmen, https://www.wiwo.de/erfolg/beruf/studie-digitalisierung-und-arbeitsplaetze-welche-jobs-betroffen-sind/12724850-2.html, abgerufen am 26.2.2024.

Wohlbefinden und Arbeitsumgebung

1 Megatrend New Work, https://www.zukunftsinstitut.de/zukunftsthemen/megatrend-new-work, abgerufen am 25.2.2024.

2 Work-Life-Blending: Zukunftsmodell oder Risiko?, https://de.indeed.com/lead/work-life-blending?gclid=Cj0KCQjw1OmoB-hDXARIsAAAYGSFmGCQ72YkiCutZnXgLNQ7AcrH7gXLZWromyt14AvRhj-ZmxKl6wPZYaAnq8EALw_wcB, abgerufen am 25.2.2024.

3 Vgl. Glossar New Work. Trendbegriffe und Definitionen, https://www.zukunftsinstitut.de/zukunftsthemen/new-work-glossar, abgerufen am 25.2.2024.

4 Vgl. Fonds Gesundes Österreich nach Dahlgren, G., Whitehead, M. (1991) und: Fonds gesundes Österreich https://fgoe.org/gesundheitsdeterminanten_dateien, abgerufen am 25.2.2024.

5 Vgl. Mental Health at Work, https://www.who.int/teams/mental-health-and-substance-use/promotion-prevention/mental-health-in-the-workplace, abgerufen am 25.2.2024.

6 Vgl. Jen Fisher und Paul H. Silverglate: The C-suite's role in well-being, https://www2.deloitte.com/us/en/insights/topics/leadership/employee-wellness-in-the-corporate-workplace.html, abgerufen am 25.2.2024.

7 Andreas Weck: Mitarbeiterbindung. Arbeitgeber tappen bei Benefits im Dunkeln – laut Studie, https://t3n.de/news/mitarbeiterbindung-arbeitgeber-benefits-studie-1579755/, abgerufen am 25.2.2023.

8 Vgl. Das sind die fünf beliebtesten Benefits, https://news.kununu.com/beliebte-benefits/#:~:text=Bereits%20vor%20der%20Corona%2DPandemie,den%20attraktivsten%20Benefits%20unserer%20Umfrage, abgerufen am 25.2.2024.

9 Sebastian Mauritz: Resiliente Arbeit – wie Resilienz Unternehmen, Führungskräfte und Beschäftigte stärkt, https://www.resilienz-akademie.com/resiliente-arbeit/, abgerufen am 25.2.2024.

Nachteile von New Work

1 Vgl. Anika Dang, Natascha Ickert: Lidl beendet Viertagewoche: „Angebot wurde nicht angenommen", https://www.derstandard.de/story/2000144716979/lidl-beendet-viertagewoche-angebot-wurde-nicht-angenommen, abgerufen am 25.2.2024.

2 Vgl. New Work: What are the advantages and disadvantages?, https://newsroom.sennheiser.com/new-work-what-are-the-advantages-and-disadvantages, abgerufen am 25.2.2024.

3 Vgl. Wie New Work unsere Arbeitswelt verändert, https://techminds.de/magazin/new-work-arbeit-4-0/#Welche_Vor-_und_, abgerufen am 25.2.2024.

4 Vgl. New Work: Vor- und Nachteile für Arbeitnehmende und -gebende, https://smartemployer.ch/informieren/newwork/new-work/, abgerufen am 25.2.2024.

5 Vgl. New Work: What are the advantages and disadvantages?, https://newsroom.sennheiser.com/new-work-what-are-the-advantages-and-disadvantages, abgerufen am 25.2.2024.

6 Vgl. HR#4: Wenn sich alle Jobs verändern müssen – mit Sabine Kohleisen (Mercedes-Benz), https://www.podcast.de/episode/611276309/hr-4-wenn-sich-alle-jobs-veraendern-muessen-mit-sabine-kohleisen-mercedes-benz, abgerufen am 25.2.2024.

7 Vgl. Vor- & Nachteile von anders arbeiten (New Work), https://vonneuem.de/vorteile-nachteile-new-work/, abgerufen am 25.2.2024.

8 Vgl. New Work: What are the advantages and disadvantages?, https://newsroom.sennheiser.com/new-work-what-are-the-advantages-and-disadvantages, abgerufen am 25.2.2024.

New Work-Geschichten und ein Blick in die Zukunft

1 Vgl. Zukunftsinstitut GmbH: Megatrendstudie. 13 Trends für die Zukunft der Arbeit, https://content.zukunftsinstitut.de/hubfs/13%20Trends%20f%C3%BCr%20die%20Zukunft%20der%20Arbeit%20%E2%80%93%20Megatrendstudie%20New%20Work/Leseprobe%20Megatrendstudie%20New%20Work%20%E2%80%93%2013%20Trends%20f%C3%BCr%20die%20Zukunft%20der%20Arbeit_Ansicht.pdf, abgerufen am 25.2.2024.

2 Vgl. Kerstin Meier: So funktioniert die neue Arbeitskultur im Handwerk, https://www.handwerk-magazin.de/new-work-so-funktioniert-die-neue-arbeitskultur-im-handwerk-250806/, abgerufen am 25.2.2024.

New Work kompakt

1 Vgl. Vanessa Jobst-Jürgens: New Work. Was relevante Arbeitnehmergruppen im Job wirklich wollen – eine empirische Betrachtung, S. 153.

2 Vom Leben her die Arbeit denken, https://newwork-newculture.dev/theorie/, abgerufen am 25.2.2024